水産学シリーズ

130

日本水産学会監修

かまぼこの足形成

—魚介肉構成タンパク質と酵素の役割

関　伸夫
伊藤慶明　編

2001・10

恒星社厚生閣

まえがき

かまぼこ，ちくわに代表されるねり製品はわが国の伝統的魚肉加工食品である．これらの製品には特有の弾力性に富んだしなやかな食感があり「足」と呼ばれている．「魚肉に食塩を添加して」，擂潰すると肉糊となり，これを加熱するとかまぼこゲルが形成される．1980 年代始めにこの「足」の素，すなわち加熱ゲル形成の主役は魚介肉の主要な構成タンパク質であるミオシンが担っていることが明らかにされた．その後「足」の実体であるミオシンやアクトミオシンによる網目構造の形成機構などの研究が進められ，最近では種々の魚介類ミオシンの一次構造の解明とともに，ミオシン分子内のドメインやサブフラグメントのゲル形成における役割が詳細に解析されるようになってきた．魚介肉を構成するミオシン以外のタンパク質もミオシンの加熱ゲル形成に参加し，かまぼこの「足」に魚種特異性を賦与するなどの重要な役割が明らかにされてきた．さらに，魚介肉のねり製品製造過程には畜肉のハム・ソーセージの製造工程にはみられない坐りと戻りという特有の現象があり，坐りは「足」を強化し，「戻りは脆弱化させる」ことが知られている．これらの現象の原因究明も進められた結果，坐りは魚介肉中に存在している酵素，トランスグルタミナーゼによるミオシンの架橋重合が深くかかわっていることが明らかにされた．一方，戻りにはプロテアーゼが関与しており，これらのプロテアーゼの特定，プロテアーゼ阻害剤の影響などが研究されている．

魚介肉のゲル形成に関連する水産学シリーズとして，平成 3 年に「水産加工とタンパク質の変性制御」が刊行されているが，魚肉ねり製品に関して全般的なものは昭和 59 年の「魚肉ねり製品－研究と技術」以来刊行されていない．この間の魚介肉のゲル形成機構やゲル形成能に関する研究は上述のように飛躍的に進歩しており，その成果を纏めることは，水産食品学に携わるものとしての責務であり，すり身およびねり製品の製造技術の革新や，各種魚類の有効利用に寄与するものと考え，下記のシンポジウムを企画し，平成 13 年 4 月 5 日，日本大学生物資源科学部で日本水産学会の主催により開催した．

本書は，このシンポジウムの講演内容に基づいてまとめたものであるが，紙面の制約もあり行き届かなかったところもあると思う．しかし，この分野における研究の進展状況を示すことができ，今後の研究に役立つことができれば幸である．

最後に，本シンポジウムの開催と運営にご尽力をいただいた日本水産学会関係各位並びに座長，話題提供者，討論に参加いただいた諸氏にお礼申し上げる．

魚肉のゲル形成における構成タンパク質の役割

企画責任者　伊藤慶明（高知大農）・今野久仁彦（北大院水）・関　伸夫（北大院水）
土屋隆英（上智大理工）・吉中禮二（福井県大生物資源）

開会の挨拶　　関　伸夫（北大院水）

Ⅰ．ミオシンの役割　　座長　関　伸夫（北大院水）

1．ゲル形成能と網目構造とミオシン分子挙動　　伊藤慶明（高知大農）

2．肉糊の加熱中の構造変化とゲル形成　　小川雅広（ブリティシュコロンビア大学）

座長　土屋隆英（上智大理工）

3．ミオシンの加熱による分子間相互作用　　今野久仁彦（北大院水）

4．ライトメロミオシンの構造とゲル形成能　　尾島孝男（北大院水）

Ⅱ．ミオシン以外の筋肉構成タンパク質の役割　　座長　今野久仁彦（北大院水）

1．アクチン及びその他筋原線維タンパク質　　土屋隆英（上智大理工）

2．筋形質タンパク質の熱凝固特性とゲル補強効果　　森岡克司（高知大農）

3．コラーゲンの性状とゲル形成　　水田尚志（福井県大生物資源）

Ⅲ．内在性酵素のゲル形成への関与　　座長　吉中禮二（福井県大生物資源）

1．トランスグルタミナーゼ　　関　伸夫（北大院水）

2．筋原線維結合型プロテアーゼ　　原　研治（長崎大水）

3．筋形質画分中のプロテアーゼインヒビター　　野村　明（高知工技セ）

Ⅳ．総合討論　　座長　伊藤慶明（高知大農）・今野久仁彦（北大院水）
関　伸夫（北大院水）・土屋隆英（上智大理工）
吉中禮二（福井県大生物資源）

閉会の挨拶　　伊藤慶明（高知大農）

平成13年6月

関　伸夫
伊藤慶明

かまぼこの足形成－魚介肉構成タンパク質と酵素の役割　目次

Ashi Formation of Kamaboko

—Contribution of myosin, other muscle proteins and enzymes—

Edited by Nobuo Seki and Yoshiaki Itoh

I. ミオシンの役割

1. ゲル形成能と網目構造

伊　藤　慶　明*

魚肉ゲル形成能は魚種によって異なり，肉糊の坐りやすさ，戻りやすさなどが異なることが知られている．そして，肉糊の加熱工程中に受ける坐りの程度や戻りの程度によってねり製品の足の強さが左右されると考えられている[1]．坐りには関ら[2]によって見いだされているようにミオシン重鎖（MHC）のトランスグルタミナーゼ（TGase）による高分子化が関与し（8．トランスグルタミナーゼの章参照），戻りには MHC のプロテアーゼによる分解が関与するという報告（9．筋原繊維結合型プロテアーゼの章および総説[3~6]を参照）がある．また，足形成における MHC の分子間 SS 結合の関与について伊藤の総説[7]がある．そこで，これらの共有結合に関わる MHC の高分子化と分解を抑制すれば，その魚肉本来のゲル形成能が把握できるのではと考え，ゲル形成能に関する基本的な考え方の確立を試みた．そのために，スケトウダラ冷凍すり身を用いて MHC の高分子化と分解をそれぞれの阻害剤で抑制した場合と抑制しない場合について，ゲル形成能を調べるとともに，SDS-PAGE と N-SEM 像観察を行い，ゲル形成能，分子挙動，網目構造の三者の関連を検討した．

§1. ミオシン重鎖の高分子化と分解の抑制条件下でのゲル化特性

1・1　30℃および50℃での予備加熱時間の影響[8]

魚肉のゲル形成能に及ぼす予備加熱中の MHC の高分子化と分解挙動の影響を明らかにするために，スケトウダラ冷凍すり身（SS 級，二級）の肉糊（3%

* 高知大学農学部

略号：DTT，ジチオスレイトール；EGTA，グリコールエーテルジアミン四酢酸ナトリウム；EDTA，エチレンヂアミン四酢酸ナトリウム；IAA，ヨードアセトアミド；MHC，ミオシン重鎖；SDS-PAGE，SDS-ポリアクリルアミドゲル電気泳動；TGase，トランスグルタミナーゼ．

NaCl）を用い，TGase の阻害剤である EGTA，TGase 阻害剤と酸化防止剤となる EDTA，酸化防止剤あるいは SS 結合の還元剤となる DTT，およびシステインプロテアーゼとセリンプロテアーゼ両者の阻害剤であるロイペプチンを添加して，坐りの進行が強くみられた 30℃および戻りの顕著であった 50℃で予備加熱したのち，80℃で 20 分間加熱してゲルを調製し，ゲル強度を調べた．

1）30℃で予備加熱した場合：すでに知られているように[9]良質のすり身である SS 級の方が二級よりも予備加熱に伴うゲル強度の増加は大きかったが，EGTA および EDTA を添加すると SS 級および二級ともにゲル強度の増加が認められず，予備加熱時間に関わらずほぼ一定のゲル強度になり，また，両すり身ともゲル強度にほとんど差は認められなかった．これらのゲルから調製した SDS-PAGE 用の未還元試料および還元試料の泳動像を見ると，EGTA および EDTA 無添加ゲル（対照）では両試料とも MHC の減少とともに高分子物の生成が認められるが，これらの試薬を添加したゲルでは MHC の高分子化がほとんど抑制されていた．このことは肉中に含まれていたカルシウムイオンがこれらの化合物によってキレートされ TGase 活性が抑制されたことにより MHC 間の架橋が形成されなかったためと考えられる．

EGTA 添加ゲルでは MHC の SS 結合による高分子化が少し起こっていることが見られたが，SS 結合のできていない EDTA 添加ゲルとゲル強度にほとんど差が見られなかったので SS結合の影響はなかったものと考えた．SS 結合による高分子化が進むのは予備加熱中よりも，むしろ 80℃での加熱時に起こり，坐りによる足増強効果，すなわち，予備加熱によるゲル強度の増大は SS 結合が形成されなくても起こることをスケトウダラ冷凍すり身を用いた実験で認めている[10]．

DTT を添加すると逆に予備加熱に伴うゲル強度の増加が促進された．SDS-PAGE では未還元試料および還元試料ともに同様の泳動像であり，SS 結合による高分子化は認められず，MHC の高分子化が対照の場合よりも促進されていた．MHC の高分子化を触媒する TGase はその活性に SH 基が関与する SH 酵素であることから，DTT 存在下での予備加熱によるゲル強度の増加は TGase の DTT による活性化に基づくものと考えられる．

また，ロイペプチンを添加するとゲル強度の増加が少し促進された．ロイペプチンを DTT とともに添加すると，更にゲル強度の増加が促進されたが，EGTA や EDTA とともに用いても顕著な効果は認められなかった．このことは，30℃でも加熱中に MHC のプロテアーゼによる分解も起こっていることを示しており，ロイペプチンでプロテアーゼが阻害されたためにゲル強度が強くなったと考えられる．

元々坐りの進行が弱い二級すり身では DTT の効果も弱く，SS 級のようには強くならなかった．坐りの強さがすり身の等級によって異なっているのは MHC の高分子化の力が異なるためで，よいすり身の方が MHC の高分子化が起こりやすいといえる．

2）50℃で予備加熱した場合：戻り現象が 50℃で強くみられた二級すり身を用いて上記同様に各種化合物の影響を検討した．対照で認められる 50℃での予備加熱に伴うゲル強度の低下は，ロイペプチンを添加したゲルでは認められず，予備加熱時間に関わらず一定のゲル強度であった．SDS-PAGE 像によるとロイペプチン無添加ゲルでは MHC の分解が見られるが，ロイペプチン添加ゲルでは MHC の分解がほとんど完全に抑制されていた．EGTA，EDTA には抑制効果が見られなかった．これらのことは 50℃での予備加熱に伴うゲル強度の低下は MHC のプロテアーゼによる分解に基づくことを示しており，MHCの分解を抑制すると戻りが起こらず，予備加熱時間に関わらず二段加熱ゲルの強度は一定になることが分かった．

1·2　予備加熱温度の影響

30℃および 50℃での予備加熱の際，MHC の高分子化および分解が抑制されると，ゲル強度に対する予備加熱時間の影響が見られなくなったので，次に MHC の高分子化および分解を同時に抑制した条件下で，種々の予備加熱温度の影響を検討した．スケトウダラ冷凍すり身二級の肉糊には EDTA，DTT およびロイペプチンを加えて，SS 級すり身の肉糊には EDTA，IAA，ロイペプチンを加えて，それぞれについて予備加熱ゲル（各温度で 2 時間加熱）と二段加熱ゲル（予備加熱後 80℃で 20 分加熱）の温度-ゲル化曲線を比較した．このとき用いた SS 級は先に用いたロイペプチンだけでは MHC の分解が抑制されず，種々検討の結果，IAA の添加によってほぼ完全に分解が抑制された．システインプロテアーゼの活性が強かったものと思われる．その結果，SS 級す

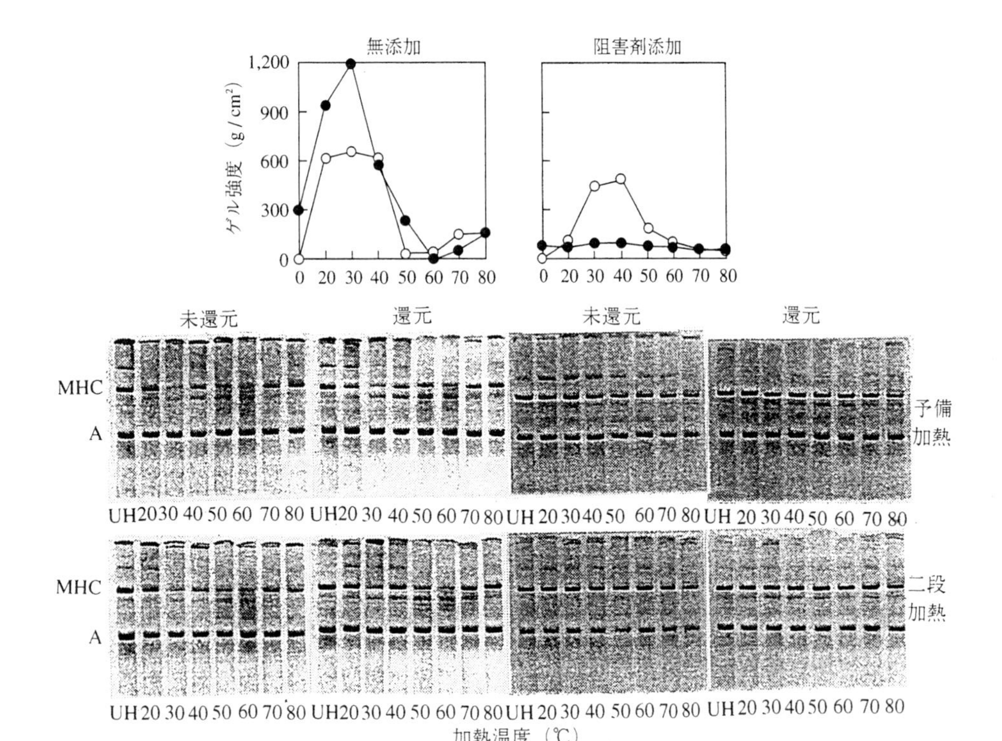

図1·1 スケトウダラ冷凍すり身（SS 級）から阻害剤存在下および非存在下で調製した予備加熱ゲルおよび二段加熱ゲルのゲル強度と SDS-PAGE 像.
○，予備加熱ゲル（各温度で 2h 加熱）；●，二段加熱ゲル（予備加熱ゲルを 80℃で 20 分間加熱）；
MHC，ミオシン重鎖；A，アクチン．UH，未加熱　阻害剤添加濃度は肉糊 1 kg 当たり EDTA　10 mmol，IAA　4 mmol，ロイペプチン　400 mg とした.

り身の場合を図1･1に示したが，二級すり身の場合も同様に，MHC の高分子化と分解の抑制下でも予備加熱時には40℃でゲル強度が最大になったが，80℃での二段加熱後には予備加熱温度に関係なく，ほとんど同じゲル強度のゲルが得られ，いわゆる二段加熱によるゲル増強効果は認められなかった．即ち，坐りの効果は現れなかった．予備加熱による坐りの効果が製品の弾力に現れるためには，予備加熱中に TGase による MHC の架橋が必須であることが分かった．

低温側で形成されたゲルの強度が高温側での加熱によって低下してしまう非酵素的戻りといわれる現象[11]はこのような現象と思われる．

§2．網目構造

かまぼこの物性と網目構造の関係についてこれまでに幾つかの研究がある．岡田・右田[12]の位相差顕微鏡による観察によってかまぼこ中に網目構造の存在することが報告された．その後，透過型電子顕微鏡を用いて，三宅ら[13,14]および佐藤ら[15,16]はかまぼこ調製過程における筋原繊維の構造変化やタンパク質の分散状態を観察し物性との関連を論じている．牧之段ら[17]は減塩かまぼこに対する坐りの効果を透過型および走査型電子顕微鏡で観察している．

本項では，MHC の高分子化と分解を抑制したときのゲル化特性をゲルの網目構造の面から検討するため，スケトウダラ冷凍すり身（SS 級）を用い，高分子化および分解の阻害剤を加えた場合と加えない場合の肉糊を予備加熱したのち 80℃での二段加熱を行いゲルを調製し，前処理を必要としない低真空走査型電子顕微鏡（N-SEM）による観察を行った結果を述べる．

2･1　予備加熱温度の影響

MHC の高分子化と分解を抑制しないで種々の温度で予備加熱すると，図 1･2 に示したように 40℃までは対照の 80℃，20 分加熱ゲルよりも細かい網目が観察され，50～60℃では対照よりも粗い網目が観察され，二段加熱をしても同様の構造が認められた．しかし，EDTA，IAA およびロイペプチンを添加して MHC の高分子化と分解を抑制した場合には，図 1･3 に示したように 40℃までの予備加熱時には細かい網目が認められるものの，二段加熱後は細かい網目が見られなくなり，また 50～60℃では阻害剤無添加の場合のような粗い網目は見られず 80℃ゲルと同様な網目であった．すなわち，ミオシン重鎖の高分子化

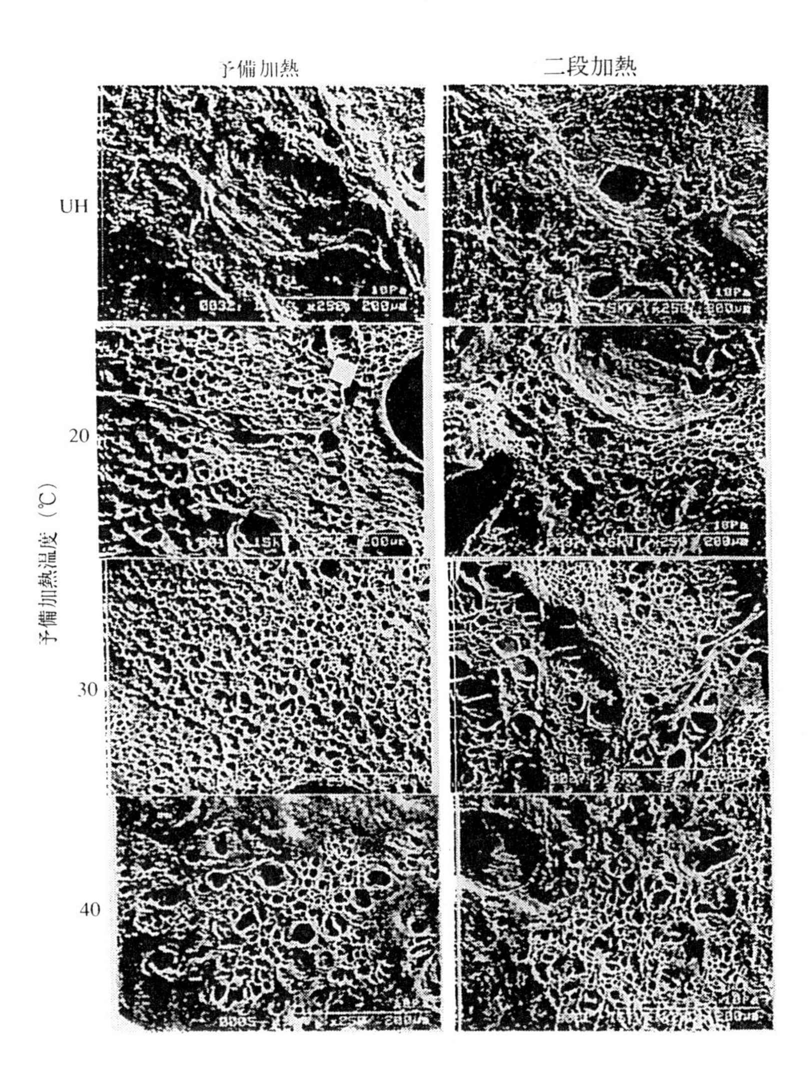

図 1·2　スケトウダラ冷凍すり身から阻害
　　　　二段加熱ゲルの低真空走査型電子
　　　　図 1·1 に示した加熱ゲルを観察し

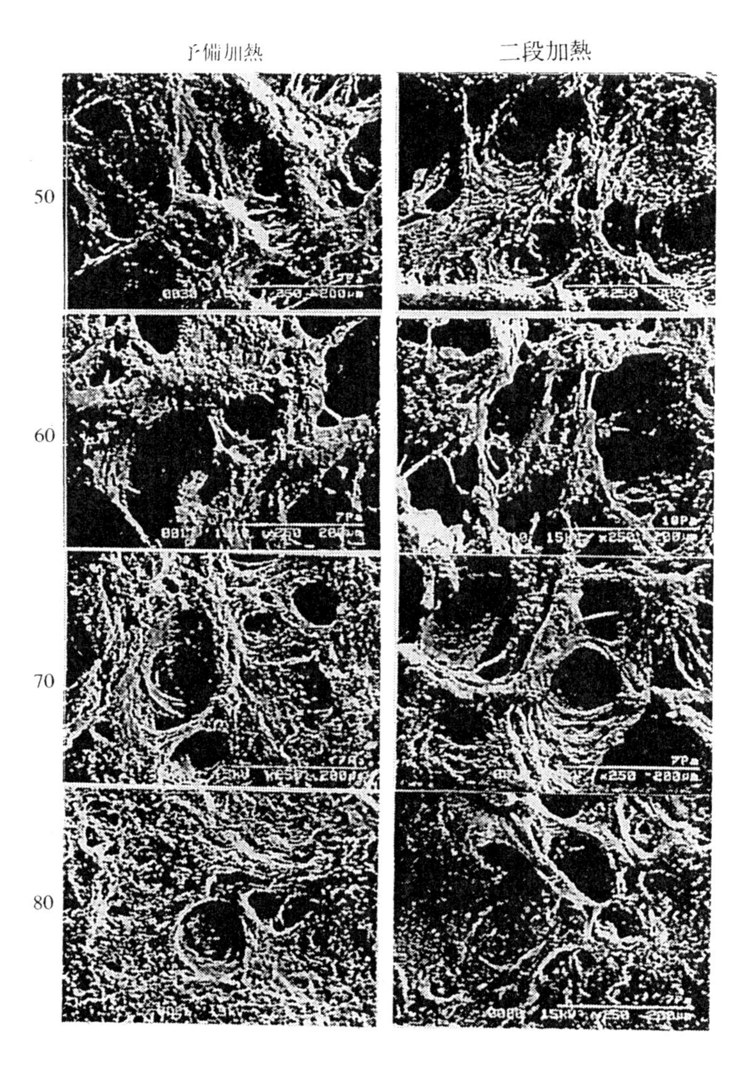

剤非存在下で調製した予備加熱ゲルおよび
顕微鏡写真.
た. 倍率 250 倍，スケール　0.2 mm

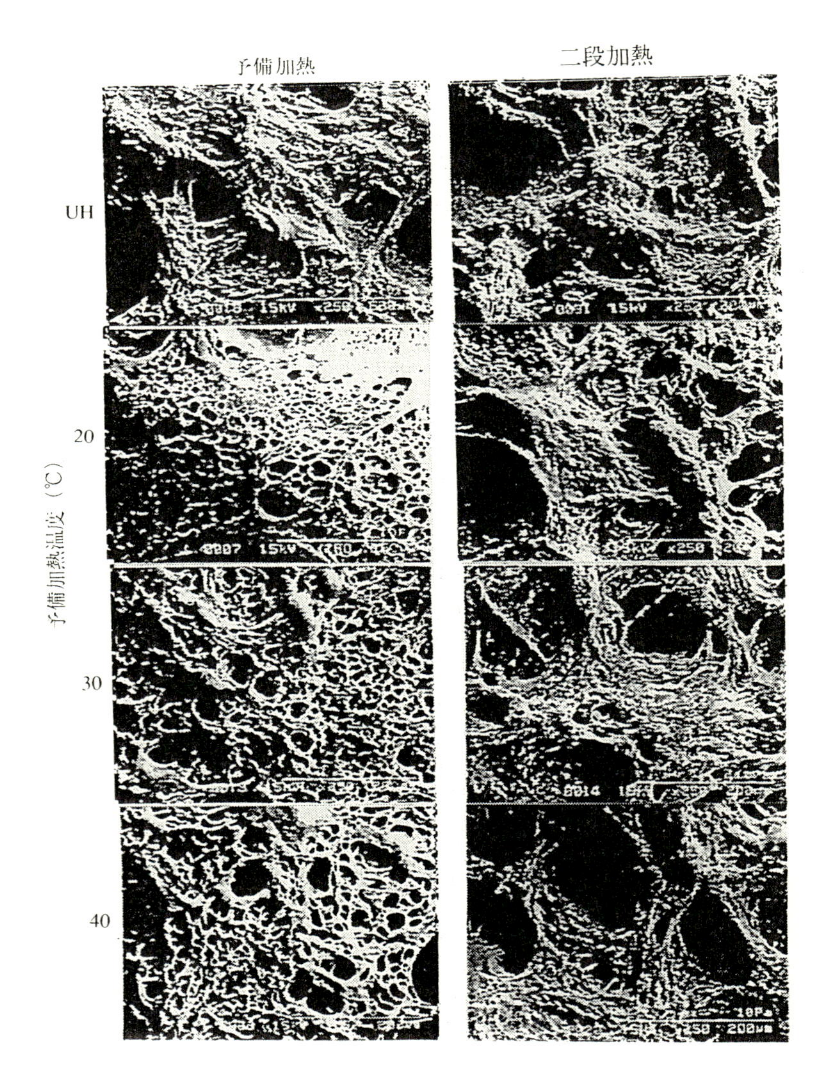

図1·3　スケトウダラ冷凍すり身から阻害剤存在下で調製した予
図1·1に示した加熱ゲルを観察した.

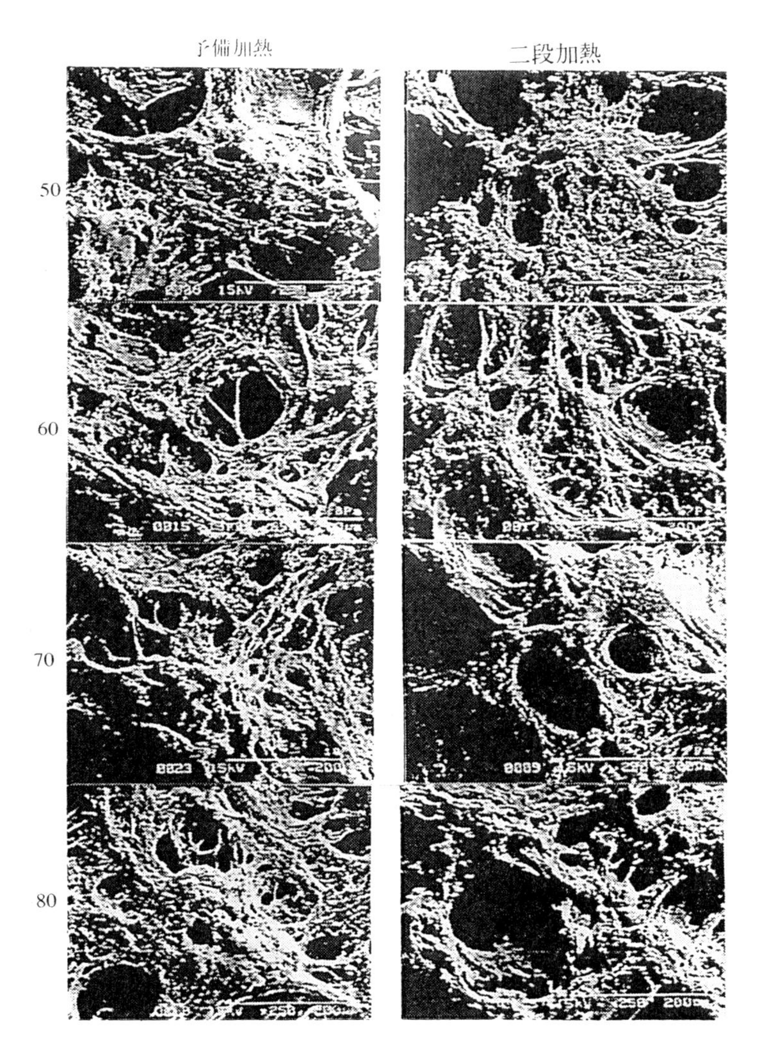

備加熱ゲルおよび二段加熱ゲルの低真空走査型電子顕微鏡写真．

と分解を抑制するといずれの温度で予備加熱したものも 80℃加熱ゲルと同様な構造であり，予備加熱の影響を受けないことが分かった．

このことから，30℃での予備加熱に伴うゲル強度の増強効果（二段加熱効果，坐り効果）は予備加熱中に形成された網目構造が TGase による MHC 間の架橋結合によって保持されるためと考えた．坐りによる足の増強機構は清水[18]や岡田[19]によって提唱されている．岡田[19]によれば「塩ずり肉が加熱前に坐って網状構造の骨格がある程度形成されていれば，これを加熱すると，その骨格を土台に更に丈夫な網状構造が形成されることになり，足の強いかまぼこが得られると考えるのである」とある．三宅ら[20]は透過型電子顕微鏡によって坐りの効果を見ているが，今回 N-SEM で確認できた．しかし，本観察から，予備加熱でできた細かい網目に MHC の架橋がないと，80℃で加熱したときにその網目が壊れてしまうことが分かった．なお，TGase が働かなくても網目は形成されることも分かった．

2・2　予備加熱時間の影響

二段加熱ゲルに見られる網目形成に対する予備加熱時間の影響を 30℃および 40℃について検討した．

30℃で高分子化と分解の非抑制条件下では，図 1・4 に示したように，予備加

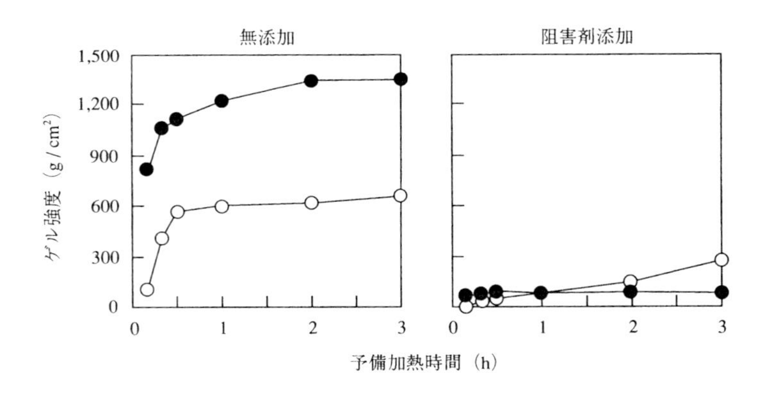

図 1・4　スケトウダラ冷凍すり身から阻害剤存在下および非存在下で調製した二段加熱ゲルのゲル強度に及ぼす 30℃予備加熱時間の影響．
○，30℃での予備加熱ゲル；●，二段加熱ゲル（予備加熱ゲルを 80℃で 20 分間加熱）．
阻害剤濃度は図 1・1 と同様である．

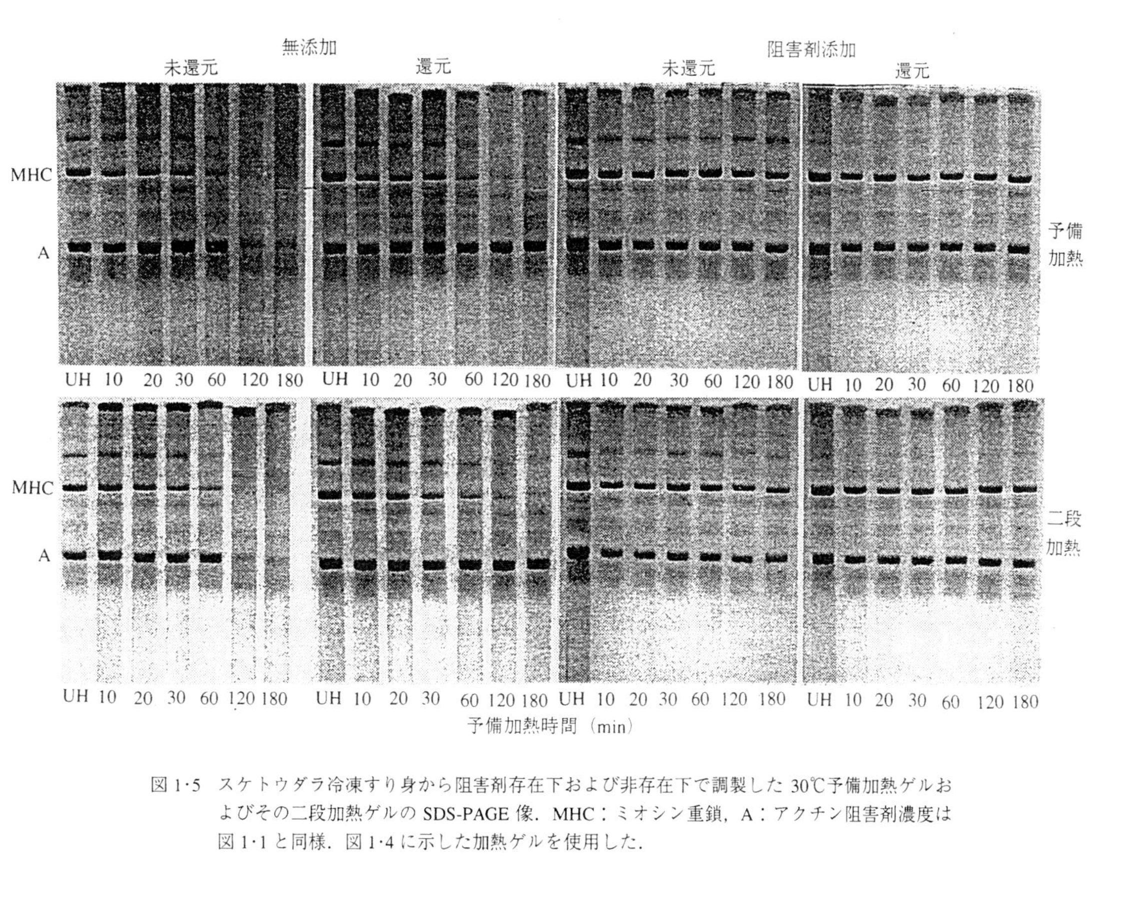

図1·5　スケトウダラ冷凍すり身から阻害剤存在下および非存在下で調製した30℃予備加熱ゲルおよびその二段加熱ゲルのSDS-PAGE像．MHC：ミオシン重鎖，A：アクチン阻害剤濃度は図1·1と同様．図1·4に示した加熱ゲルを使用した．

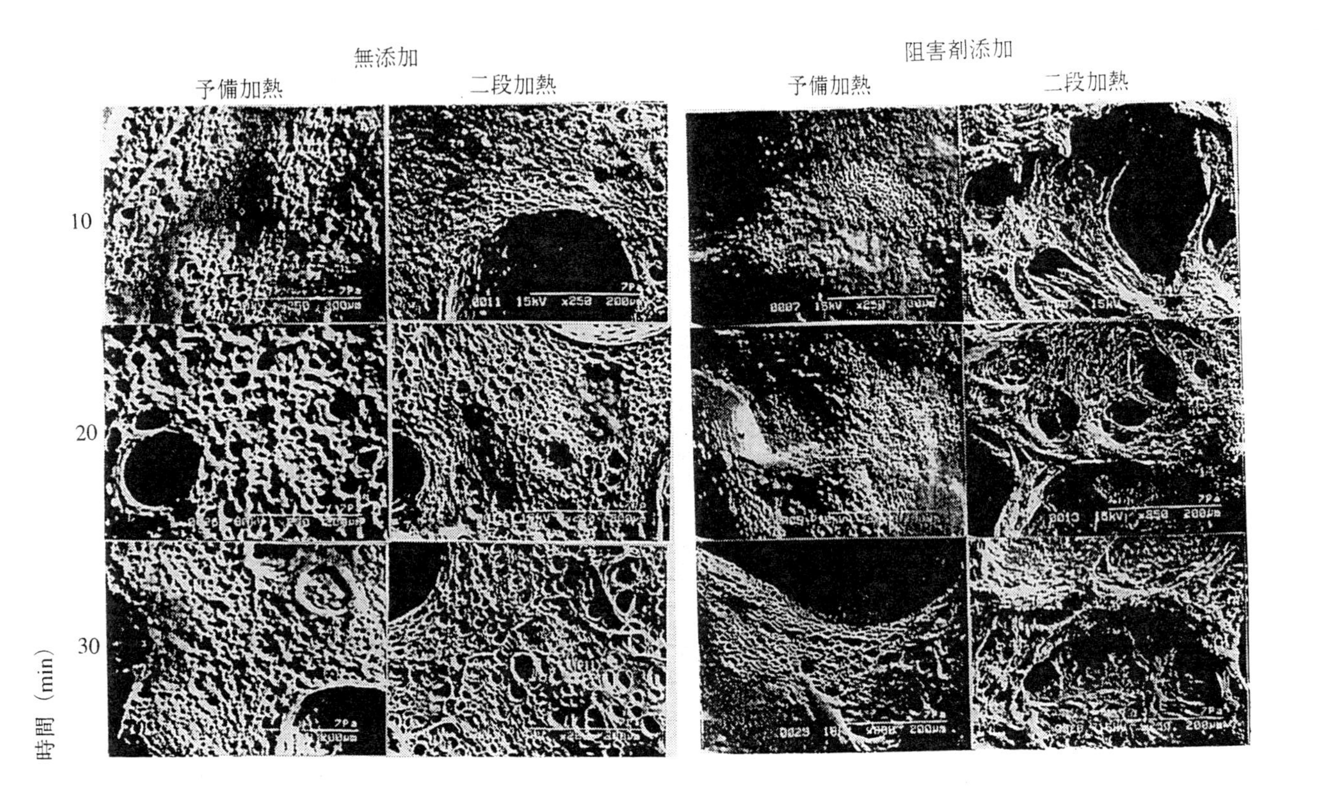

無添加
予備加熱
二段加熱
阻害剤添加
予備加熱
二段加熱
10
20
30
時間（min）
0011 15kV x250 200μm
0007 15kV
0013 15kV x250 200μm
0029

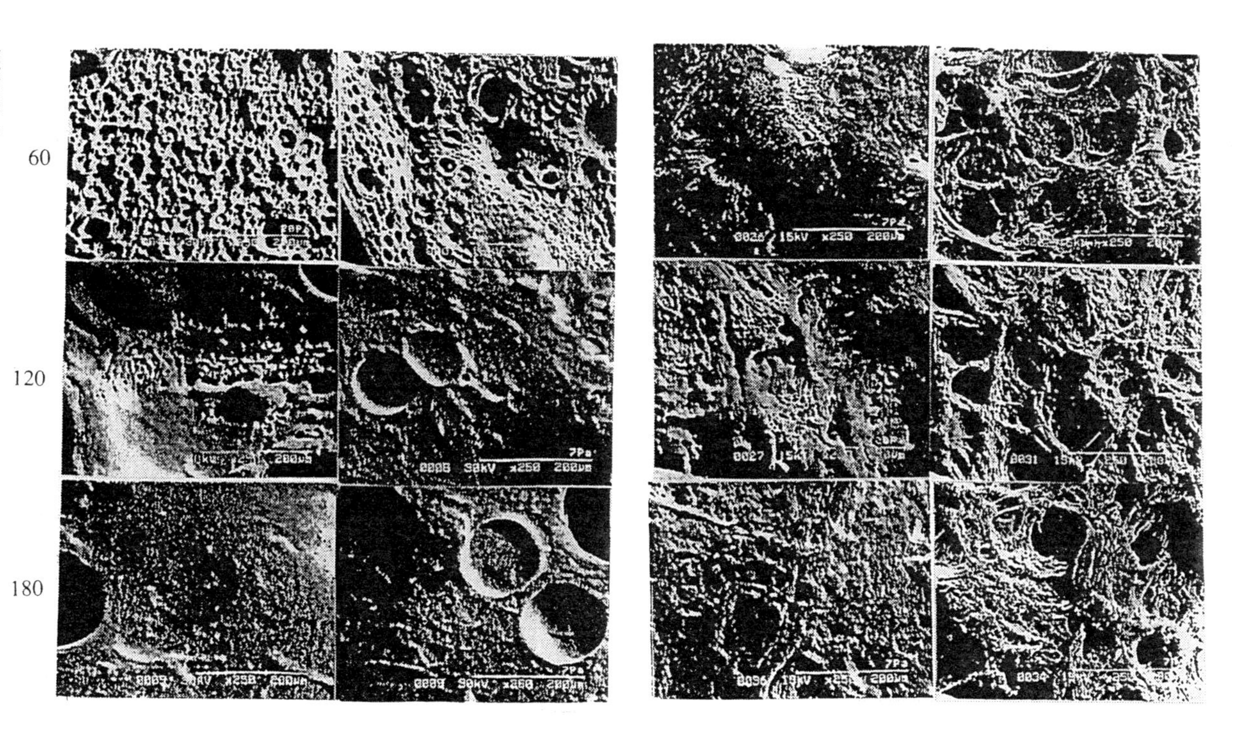

図1·6　スケトウダラ冷凍すり身から阻害剤存在下および非存在下で調製した30℃予備加熱ゲルおよびその二段加熱ゲルの低真空走査型電子顕微鏡写真．倍率250倍，スケール　0.2 mm．
図1·4に示した加熱ゲルを観察した．

熱時間が長くなるとともにゲル強度は増大し，二段加熱ゲルもゲル強度が増大した．SDS-PAGE 像（図1･5）でもMHCの多量体形成の進行が見られる．N-SEM 像（図1･6）では予備加熱ゲルおよび二段加熱ゲルともに細かい網目が形成され，更に長くなると全体に均質な網目の見えないゲルとなった．一方，高分子化と分解の抑制条件下では予備加熱により細かい網目の形成が認められるが，それを二段加熱したゲルでは予備加熱時間に関わりなく，細かい網目は認められず，いずれも 80℃直接加熱ゲルと同様の粗い網目のものであった．

40℃で非抑制条件下では，図 1･7 に示したように，加熱初期にゲル強度が増加するとともに，SDS-PAGE 像（図 1･8）では MHC の高分子化が進行し，N-SEM 像（図 1･9）では 30℃と同様細かい網目が観察され，続いて網目が見えなくなるが，更に予備加熱時間が長くなるとゲル強度が低下するとともに網目が粗くなった．また，MHC の分解物も顕著に認められ，MHC 単量体および多量体の分解が起こっているものと考えられる．このことが 40℃での長時間加熱によるゲル強度の低下，すなわち戻りの発現に関与したものと考えられる．酵素的な戻りが起こったと考えられる．一方，抑制条件下では予備加熱時間に関係なく，一定のゲル強度のゲルが得られ（図 1･7），いずれも同様の粗い網目が観察され（図 1･9）80℃直接加熱ゲルのものと同様であった．

以上の結果から，40℃までの温度で予備加熱すると細かい網目が形成されるが，その際，MHC の TGase による高分子化を伴う網目の固定がないと，細かい網目が二段加熱後には崩壊し，予備加熱による強いゲルが形成されないことが分かった．MHC の高分子化が予備加熱初期に先行するが，その後 MHC の分解物が生成するとともに MHC の多量体や単量体が減少してくる．これに対応して起こるゲル強度の低下は，一旦できた網目が MHC 単

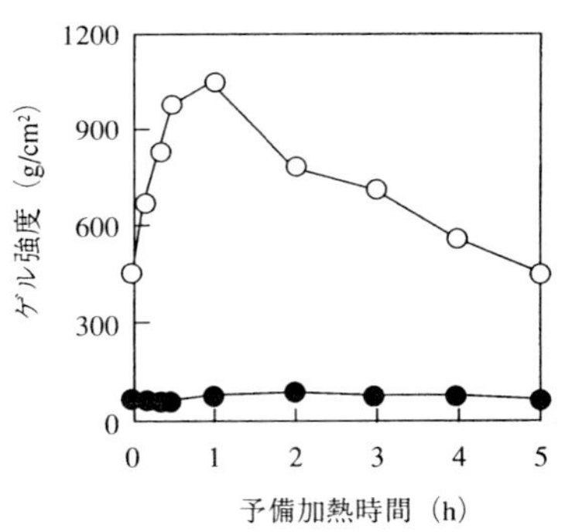

図 1･7　スケトウダラ冷凍すり身から阻害剤存在下および非存在下で調製した二段加熱ゲルのゲル強度に及ぼす 40℃予備加熱時間の影響．
○，阻害剤無添加；●，阻害剤添加．阻害剤濃度は図 1･1 と同様である．

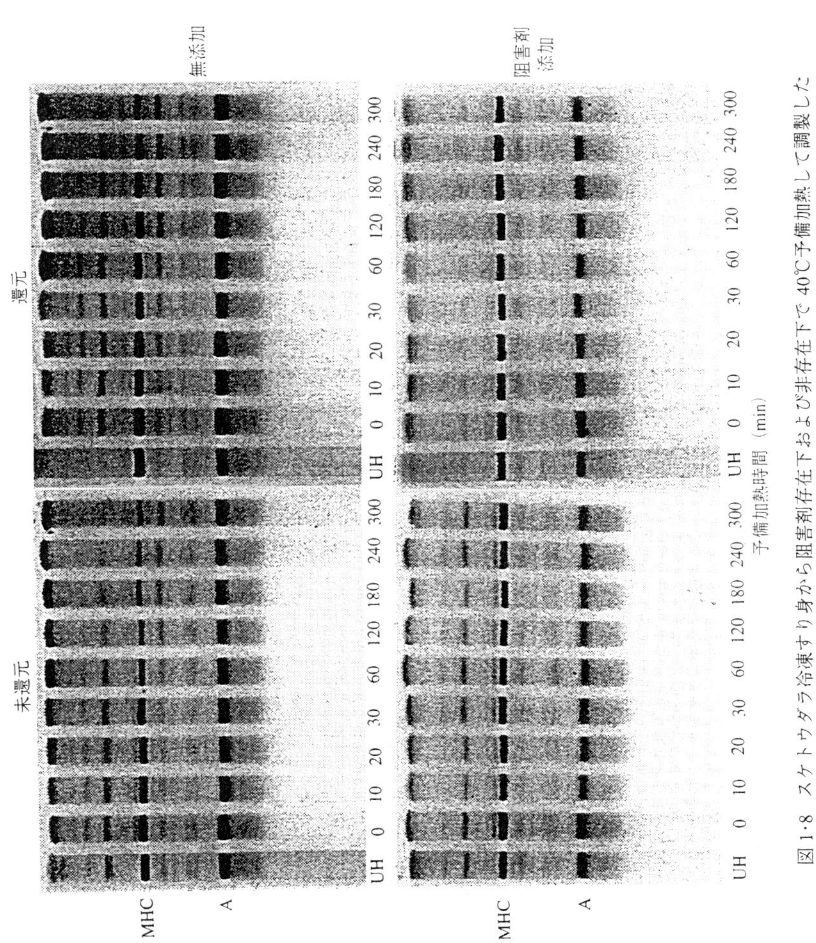

図1·8　スケトウダラ冷凍すり身から阻害剤存在下および非存在下で40℃予備加熱して調製した二段加熱ゲルのSDS-PAGE像.
MHC，ミオシン重鎖；A，アクチン．図1·7に示した加熱ゲルを使用した.

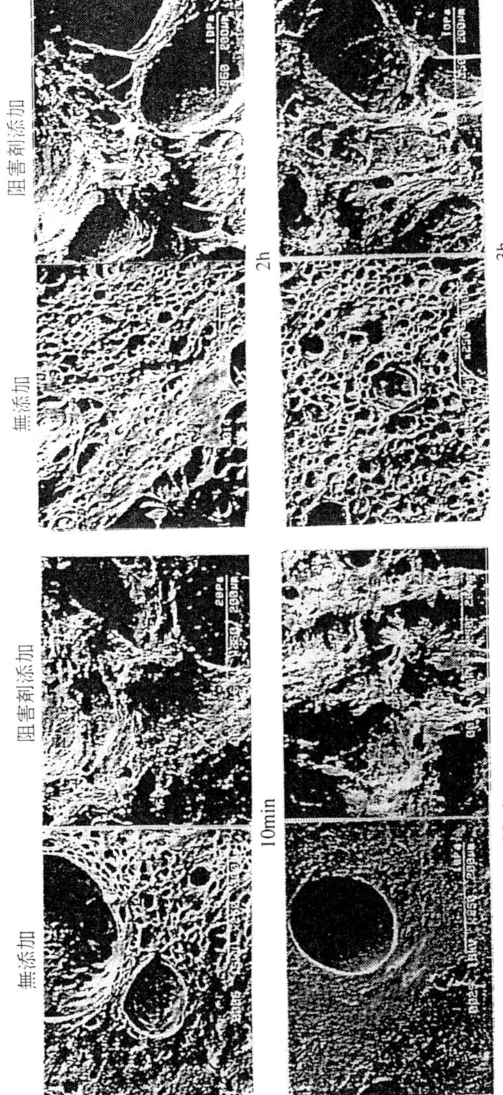
無添加
阻害剤添加
10min
20min
無添加
阻害剤添加
2h
3h

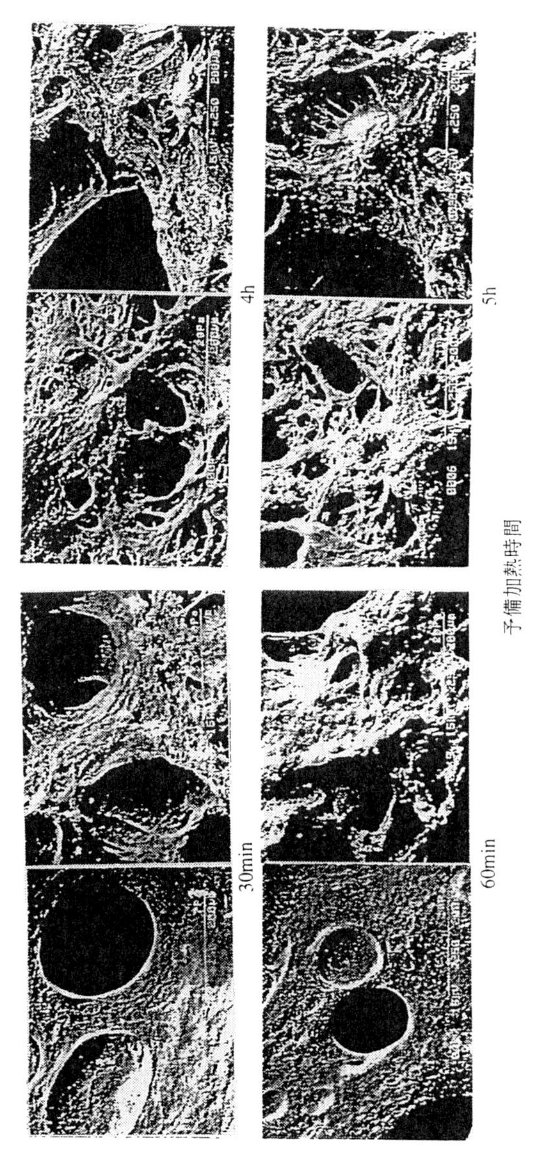

図1·9　スケトウダラ冷凍すり身から阻害剤存在下および非存在下で40℃予備加熱して調製した二段加熱ゲルの低真空走査型電子顕微鏡写真.
倍率250倍，スケール　0.2 mm．図1·7に示した加熱ゲルを観察した.

量体および多量体のプロテアーゼによる分解のために，80℃で二段加熱をしたときに構造が維持できず崩壊するものと考えた．

§3．まとめ

1）MHC の高分子化と分解を抑制すると見かけ上ゲルは坐るが，二段加熱ゲルのゲル強度に対する予備加熱温度および時間の影響がなく，二段加熱の効果が現れない．その理由は予備加熱中に形成される網目が TGase で固定されないためである．（非酵素的戻り）

したがって，坐りの効果は予備加熱中に形成される網目が TGase によって固定され，80℃で加熱しても保持されることによる．

2）50～60℃での戻りはプロテアーゼによるもので，MHC が分解を受けることにより網目を形成する力がなくなったために起こる．（酵素的戻り）

3）MHC の高分子化と分解を抑制すると，スケトウダラ冷凍すり身の等級の差もほとんど認められないことから，各種魚肉の筋原繊維自身のもつゲル形成能は MHC の高分子化と分解の抑制条件下で比べられることが示唆された．

文　献

1）志水　寛・町田　律・竹並誠一：日水誌，47，95-104（1981）．

2）関　伸夫・宇野秀樹・李　南赫・木村郁夫・豊田恭平・藤田孝夫・新井健一：同誌，56，125-132（1990）．

3）牧之段保夫：食品タンパク質の科学－化学性質と食品特性，食品資材研究会，1984，pp.181-194．

4）牧之段保夫：日水誌，62，143-144（1996）

5）関　伸夫：同誌，62，149-150（1996）．

6）木下政人：同誌，62，151-152（1996）．

7）伊藤慶明：ミオシンのSH修飾，魚貝類筋肉タンパク質－その構造と機能（西田清義編），恒星社厚生閣，1999，pp.97-106．

8）M.I.Hossain, Y.Itoh, K.Morioka, and A. Obatake : *Fisheries Sci.*, 67, 718-725（2001）．

9）阿部洋一・安永廣作・北上誠一・村上由里子・太田隆男・新井健一：日水誌，62，439-445（1996）．

10）M. I. Hossain, Y. Itoh, K. Morioka, and A. Obatake : *Fisheries Sci.*, 67, 710-717（2001）．

11）塚正泰之・志水　寛：日水誌，57，1767-1771（1991）．

12）岡田　稔・右田正男：同誌，22，265-271（1956）．

13）三宅正人：同誌，31，464-470（1965）．

14）三宅正人・林孝市郎・田中明子・丹羽栄二：同誌，37，534-539（1971）．

15）佐藤繁雄・土屋隆英・松本重一郎：同誌，50，1869-1876（1984）．

16）佐藤繁雄・土屋隆英・松本重一郎：同誌，53，649-658（1984）．

17）牧之段保夫・中川孝之・安藤正史・松野智：同誌，62，654-658（1996）．

18）清水　亘：水産ねり製品，光琳書院，1966，pp.192-199.
19）岡田　稔：東海水研報，36，83-88（1963）.
20）三宅正人・上住南八男：三重県立大水産学部紀要，6，313-316（1965）.

2. 肉糊の加熱中の構造変化とゲル形成

小川雅広[*1]・土屋隆英[*2]・中井秀了[*1]

魚の肉糊は，加熱することによってゲルを形成するが，そのゲル形成能は種間で著しく異なり，40℃以下の低温でも長時間放置するとゲル化する（坐り）ものなど，畜肉には見られない特性をもつ．これは，肉中のミオシンを主としたタンパク質の構造変化の種間での違いによってもたらされるものと考えられている．しかし，魚肉タンパク質のどのような構造変化がゲル形成に関係しているのか，未だ直接的な説明ができるまでに至っていない．本章では，著者らが得た最近の結果を中心に，加熱ゲル化過程で起こる魚肉タンパク質の構造変化について記述する．

§1．坐り工程中の構造変化

かまぼこ製造時の加熱は，塩ずりされた肉糊を 40℃以下の坐り温度で予備加熱した後，80℃以上の高温で加熱するという 2 段階で行われている．スケトウダラのような坐りやすい魚の肉糊は，30℃や 40℃で 30 分から 1 時間加熱すると坐りゲルを形成する[1]．一方，ティラピアなどの坐りにくい魚の肉糊は，同じ条件で加熱してもゲルを形成しない．このような魚種間での坐りやすさの違いがタンパク質のどのような構造変化に起因するのか，またそれがゲル形成能にいかに反映されているのかを調べてみた．

1･1 レーザーラマン分光光度計

タンパク質の高次構造は，X 線結晶構造解析法や，NMR，赤外吸収，円二色性（CD）などの各種分光法によって知ることができるが，肉糊のようにタンパク質濃度が高い場合，高濃度の状態で構造を調べることは非常に難しい．その中で，レーザー光を試料に照射し，散乱される光を観測するレーザーラマン分光は，高濃度タンパク質試料でも構造を調べることができる点で，肉糊中

*1 Faculty of Agricultural Sciences, University of British Columbia, Canada
*2 上智大学理工学部

でのタンパク質の構造変化を解明するのに最も適している分析法の 1 つである．本節では，レーザーラマン分光光度計について簡単に解説する．

レーザーラマン分光光度計は，励起光であるレーザーを試料に照射し，ラマン散乱光といわれる分子の構造に依存して散乱される光を測定する装置である．ラマンスペクトルは，赤外吸収スペクトルと同様の分子構造情報を提供するが，特別な前処理なしで測定できること，水のラマン散乱が弱いので水を含んだ状態で容易に測定できることなど，従来の赤外分光法にはない利点がある．表 2・1 に，ラマンスペクトルから得られるタンパク質の主な構造情報を示す．1,650～1,700 cm^{-1} に現れるアミドⅠ，並びに 1,230～1,300 cm^{-1} のアミドⅢの振動モードから，タンパク質の二次構造，α-ヘリックス，β-シート，ランダム・コイルという 3 つの基本構造の含有量を求めることができる[2]．また，500～550 cm^{-1} に現れるシスチンの-S-S- 伸縮振動の振動数の違いから，SS 結合の立体配置を知ることができる．さらに，860 cm^{-1} と 830 cm^{-1} の強度比および 760 cm^{-1} のピークからそれぞれ，芳香族アミノ酸チロシンとトリプトファン残

表 2・1　タンパク質の主なラマン線

波数±5 / cm^{-1}	帰　属	得られる構造情報
510	SS stretch	g-g-g 型の SS 結合
525	SS stretch	g-g-t 型の SS 結合
545	SS stretch	t-g-t 型の SS 結合
760, 880, 1360	Indole 環	Trp 残基の環境変化
830,860	TyrのFermi resonance	Tyr 残基の環境変化
900	CC residue stretch	ミオシンの尾部の構造変化
940	CC residue stretch (Lys, Asp) CH_3 symmetric stretch (Leu, Val)	ミオシンの頭部とサブフラグメント 2 の構造変化
1005	CC ring stretch (Phe)	構造変化によって不変（内部標準）
1210	Tyr と Pheのmodes	Tyr と Phe 残基の環境変化
1245	アミドⅢ	β-シートとランダム構造
1305	アミドⅢ, $C_\alpha H$ bend, CH_2 twist	α-ヘリックス
1450	CH_3 (antisymmetric), CH_2, CH bend	構造変化によって不変（内部標準）
1655	アミドⅠ	α-ヘリックス
1665	アミドⅠ	ランダム構造
1670	アミドⅠ	β-シート

Trp，トリプトファン；Tyr，チロシン；Phe，フェニルアラニン；Lys，リシン；Asp，アスパラギン酸；Leu，ロイシン；Val，バリン．

基がタンパク質分子表面でどのくらい露出しているかを知ることができる．このようなタンパク質の高次構造や SS 結合の結合状態を知ることのできるレーザーラマン分光法は，タンパク質ゾルやゲル構造の有効な解析手段である．なお，レーザーラマン分光法のより詳しい解説は，他書[2~4]を参照されたい．

1·2 アクトミオシンのラマンスペクトル

肉糊の熱ゲル化は，主要構成タンパク質であるアクトミオシンの性質を強く反映しているので，加熱過程でのアクトミオシンの構造変化を調べることは，肉糊のゲル化メカニズムを解明するのに大いに役立つ．濃度の高いアクトミオシン溶液（約 10%）を試料としてラマンスペクトルを測定すると，ゾル状態でのアクトミオシンの構造情報が得られる．図 2·1 には，リンコットから調製したアクトミオシンのラマンスペクトルを示す．スペクトルから様々な構造情報が得られるが，アクトミオシンに特徴的なものをいくつかあげる．未加熱の

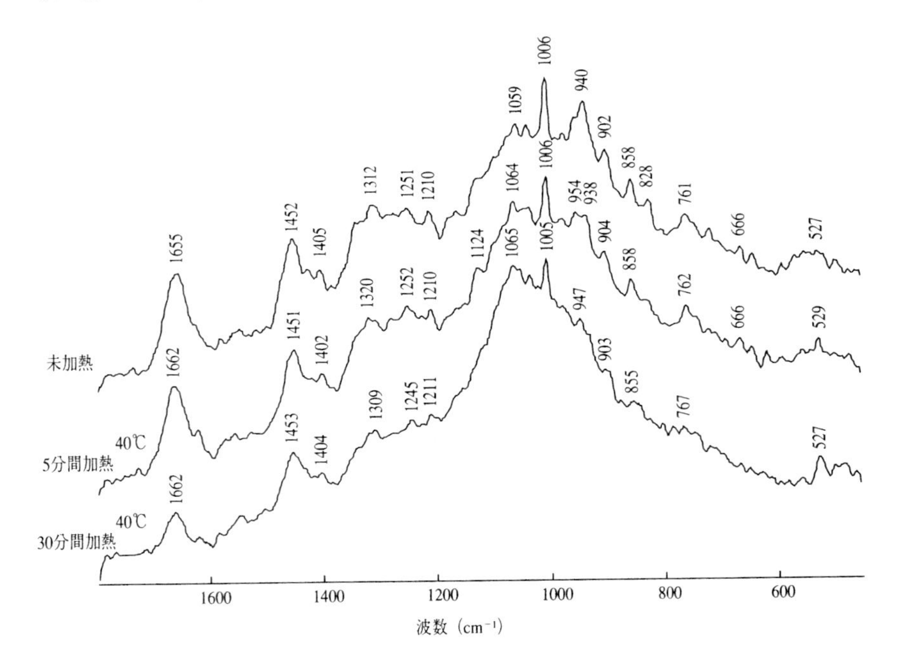

図 2·1　リンコットのアクトミオシンのラマンスペクトル．タンパク質濃度：10%．
溶媒：2.5%（w/w）NaCl-20 mM sodium phosphate buffer（pH 6.8）．

アクトミオシンには，(1) -S-S- 伸縮振動のラマン線が 525 ± 5 cm^{-1} に観察される．このラマン線は SS 結合の立体配置 gauche-gauche-trans (g-g-t) 型によるものなので，アクトミオシン中に SS 結合があり，それらが主に g-g-t 型の立体配置を形成していることがわかる．ところが，天然界に存在するアクトミオシン以外の多くのタンパク質は，510 cm^{-1} 付近にラマン線を示す gauche-gauche-gauche (g-g-g) 型の分子内 SS 結合を形成しているので[2]，アクトミオシン中の SS 結合は他のタンパク質と異なる立体配置をしているといえる．図 2·2 には g-g-g と g-g-t 型の立体配置を示す．片方の S-C-C で形成する角度が違う上，C-C 結合が異なる方角を向いているのが分かる．g-g-t 型の SS 結合は主に変性したタンパク質に認められることから[2]，アクトミオシン中の g-g-t 型 SS 結合は，筋肉中に本来ある SS 結合ではなく，調製工程あるいは低温貯蔵中に新たに生じたもの[5]と思われる．(2) アミドⅠの強いラマン線が 1,655 cm^{-1} に観察される．このラマン線は α-ヘリックスに典型的なものであるから，アクトミオシンは高濃度の加塩ゾルの状態でも α-ヘリックスを形成していることが分かる．また，アクトミオシンの主成分はミオシンで，そのミオシンの二

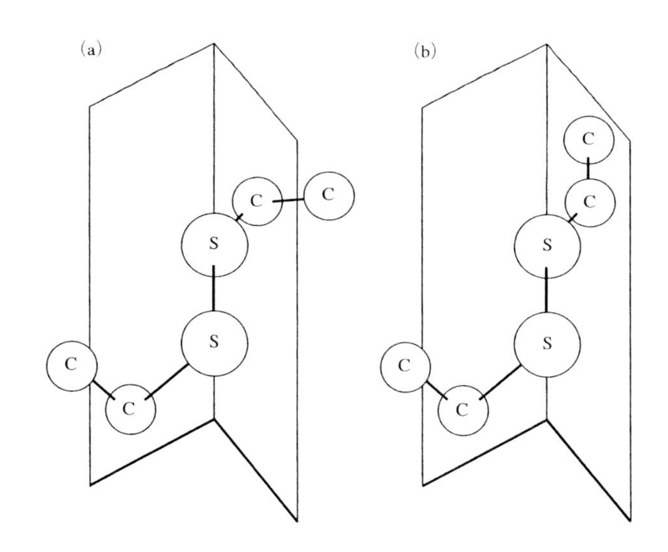

図 2·2　SS 結合の立体配置 (a) g-g-g型 (b) g-g-t 型.

次構造の約70％がα-へリックスであるから，アクトミオシンのラマンスペクトルは主にミオシンの構造を反映しているといえる．

1･3　40℃加熱によるアクトミオシンの構造変化

アクトミオシンを40℃で加熱すると，ゲル化にともなってラマンスペクトルに変化が現れる（図2･1）．525 ± 5 cm^{-1}のラマン線強度が30分の加熱によって増加する．このラマン線は前節で述べたようにg-g-t型のSS結合に帰属されることから，加熱によって新たにg-g-t型のSS結合が増えていくことが分かる．40℃で加熱すると，アクトミオシン中にSS結合が形成されていくが[6, 7]，その形成されたSS結合はg-g-tであることを示している．また，タンパク質の主鎖構造にも変化が見られる．1,655 cm^{-1}に出るラマン線の長波数側へのシフトから，α-へリックス構造が徐々に減っていくことが分かる．ラマンスペクトルは，さらに，タンパク質分子の特定アミノ酸のミクロ環境についての情報も与える．チロシンの2つのラマン線860 ± 5 cm^{-1}と830 ± 5 cm^{-1}の強度比や，フェニルアラニンのラマン線1,210 cm^{-1}の強度は，側鎖の置かれた環境，すなわち，側鎖が水とどの程度接しているかによって決まるといわれている[2]．この性質をもとにして，それらのアミノ酸残基がどのくらいタンパク質分子表面に露出しているか知ることができる．アクトミオシンの場合，魚種によって若干違いはあるが，40℃加熱によって分子内から表面へ露出していく傾向にある[8]．この結果は，Niwaら[9]が芳香族アミノ酸側鎖のプローブ1-anilino-8-naphthalenesulfonate（ANS）を使って導いた表面疎水性測定の結果と一致する．アクトミオシンは複合タンパク質で，その主成分は全タンパク質量の約60％を占めるミオシンである．そのミオシンのフェニルアラニンの約90％，チロシンの約80％がミオシンの頭部に局在しているので[10, 11]，フェニルアラニンおよびチロシン残基の分子表面への露出は，主にミオシン頭部で起こっているものと思われる．

40℃で加熱しても全くゲルを形成しないティラピアのアクトミオシンは，ゲル化する魚のそれとは異なるスペクトル変化を示す[8]．加熱前g-g-t型であったSS結合が加熱によって減少し，代わってg-g-g型のSS結合が増えていく．また，アクトミオシンの主要な二次構造であるα-へリックスは，リンコットの場合と違って，それほど影響を受けなかった．

ほぼ 100% α-ヘリックスを形成しているミオシン尾部の構造変化は，経験的に900 cm^{-1} のラマン線に現れることが知られている[12]．このラマン線強度を加熱時間に対してプロットすると，図 2･3 (a) のようになる．ティラピアのミオシン尾部ではほとんど構造変化しないのに対し，40℃でゲル化するリンコッ

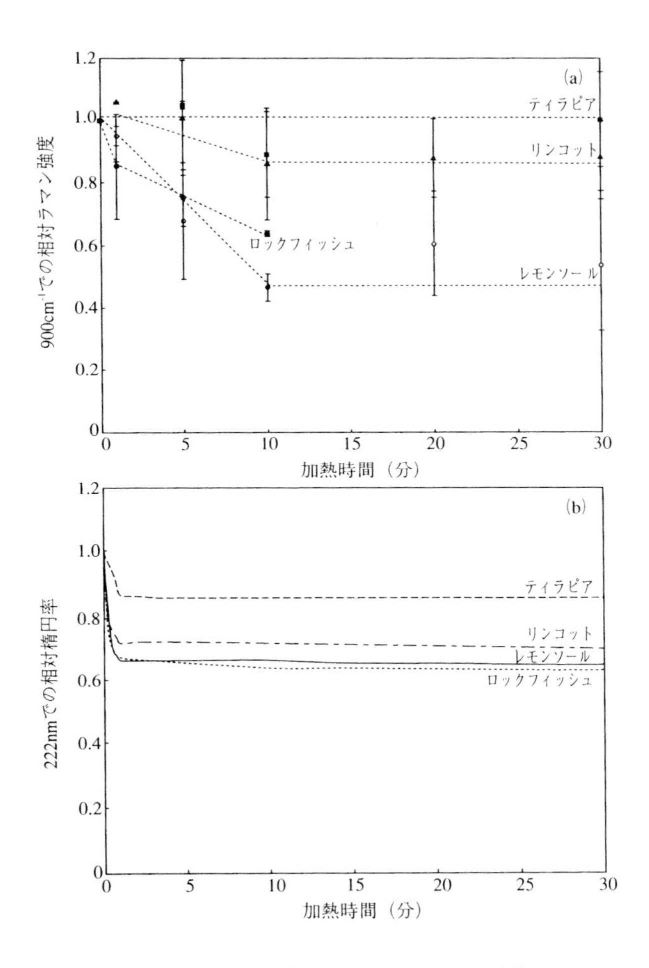

図 2･3　40℃加熱による α-ヘリックスの変化
(a) ラマンスペクトル測定で調べたミオシン尾部の構造変化（タンパク質濃度：8.4～11.9%）.
(b) CD 測定で調べたアクトミオシンの α-ヘリックスの変化（タンパク質濃度：0.02%）.

ト，レモンソール，ロックフィッシュでは，加熱初期の 10 分間で徐々に変化しているのが分かる．筆者らは，以前坐りやすさの異なる 8 種の魚からアクトミオシンを調製し，アクトミオシン溶液の CD 測定を 30℃と 40℃で行い，α-ヘリックスの解ける割合が坐りによるゲル強度増加率と相関関係にあることを示した[13]．図 2·3（b）には，40℃加熱時のアクトミオシンのα-ヘリックスの変化を示す．タンパク質濃度の低い溶液（0.02%）では，いずれの魚でもα-ヘリックスが解けるが，ティラピアに比べ，レモンソールやロックフィッシュの方がその割合は大きい．また，いずれの種でもα-ヘリックスは加熱開始後1分以内に解け，その後，平衡に達することから，ラマン測定で示された高濃度下での遅い変性反応と大きく異なる．40℃でのα-ヘリックスの解け方や解ける速度は，タンパク質濃度に大きく依存していると思われる．

この他にも構造変化を反映したラマン線に変化が認められるが，その挙動は魚種によってまちまちである[8]．リンコットのラマンスペクトル測定で得られた結果をまとめると次のようになる．40℃でのアクトミオシンのゲル化過程で，（1） α-ヘリックス構造が加熱開始後約 10 分間かけて徐々に減っていく．（2）疎水性の芳香族アミノ酸が分子表面に露出する．（3）ゲル化に伴い g-g-t 型をした SS 結合が増える．こうしたゆっくりした構造変化と，それに伴う疎水性相互作用や SS 結合によって肉糊は坐りを形成していくと考えられる．

§2．高温加熱中の構造変化

肉糊は坐り工程においてゲルを形成するが，その工程の後に高温加熱することによってより弾力あるゲルを形成する．高温加熱は，弾力あるゲルを作るのみならず，殺菌という役割においてもかまぼこ製造時に欠かすことのできない重要な加工工程である．肉糊の熱ゲル化反応は，ミオシン[14]を主役としたタンパク質の構造変化によって起こる．したがって，加熱中のミオシンの構造変化を知ることは，肉糊のゲル化を理解する上で非常に重要である．

10%濃度のミオシン加塩ゾルを示差走査熱量計（DSC）を使って測定すると，温度が上がるにともなって構造変化を反映した吸熱ピークが観察される（図 2·4）．吸熱ピークの数は，魚種によって 2 つあるいは 3 つ現れることから，ミオシンの構造が 2 段階あるいは 3 段階で壊れていくことが分かる．また，ピークの温度すなわち構造が転移する温度にも種間で差がある．ウサギをはじめとする畜肉では，ミオシンが 40～55℃にかけて構造変化するが，魚では，コイのように 30～50℃において 2 段階で構造変化するものもあれば，アイナメのように 20～50℃の広い温度範囲において 3 段階で変化するものもある．ATPase の失活を指標とした熱安定性[15, 16] と同様に，生息水温の低い魚ほどミオシンの構造変化し始める温度が低い傾向にある．

ミオシンの分子構造は，洋なし型構造が 2 つ集まった頭部と，2 本の α-ヘリ

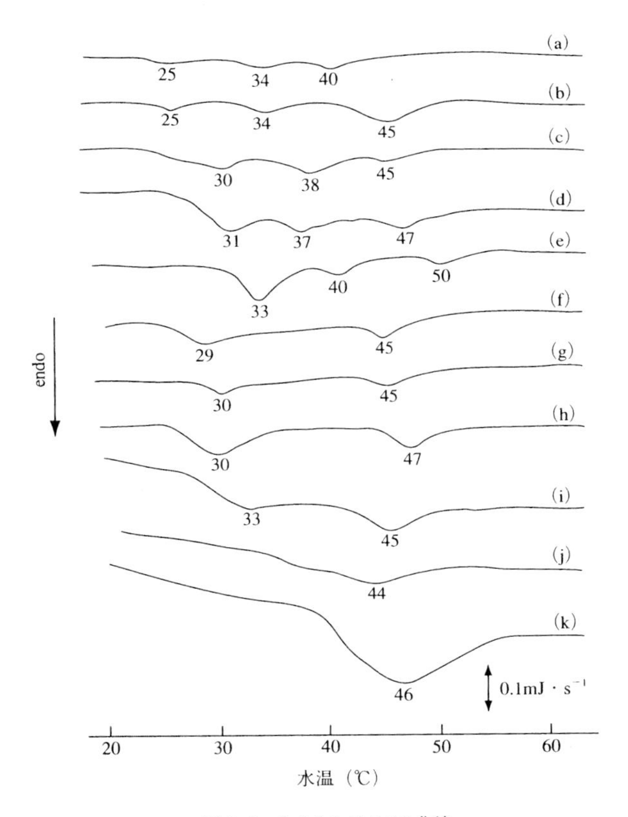

図 2·4　ミオシンの DSC 曲線

(a) ニジマス，(b) アイナメ，(c) イシガレイ，(d) メバチマグロ，(e) ブリ，(f) イワシ，(g) スケトウダラ，(h) マダイ，(i) コイ，(j) マアジ，(k) ウサギ．
タンパク質濃度：10％（魚ミオシン），9％（ウサギミオシン）
溶媒：2.5％ (w/w) KCl-20 mM potassium phosphate buffer（pH 6.8）．

ックス鎖がより合わさった尾部とから構成されている．尾部はさらに頭部に接したサブフラグメント-2 と残りのライトメロミオシンの 2 つのドメイン構造に分けられる．頭部と尾部を，それぞれ加熱していったときの構造変化を調べると，コイの場合，頭部とライトメロミオシンから変性が起こるのが分かる[17]．それらの構造が壊れ始める温度は 30℃付近であり，ミオシン全体で調べたときの 1 段階目の変性温度に対応する．40℃以降に起こる 2 段階目の変性は，サブフラグメント-2 の構造変化を反映したものと考えられる．コイよりも 10℃低い温度から変性し始めるアイナメでも，ライトメロミオシンの解け始める温度（20℃）[18]が，ミオシンが構造変化し始める温度と一致する．それゆえ，魚類ミオシンの構造変化は，頭部とライトメロミオシンでほぼ同時に始まるか，魚種によってはライトメロミオシンから始まると考えられる．

加熱しながら動的粘弾性を測定すると，コイ・ミオシンは 30～40℃で急激に弾性が高くなりゲルを形成していくことが分かる[19]．この 30～40℃という温度帯はミオシンの頭部およびライトメロミオシンの構造が壊れる温度帯と一致することから，それらの構造変化がゲル化に深く関わっているものと思われる．また，魚種間でミオシンのゲル化する温度に差があることが知られているが[20]，これはミオシン頭部[15, 16]とライトメロミオシン[18, 21]の両構造の熱に対する安定性の違いを反映したものと思われる．

Samejima ら[22]は，畜肉のミオシンの熱ゲル化は，頭部での凝集と尾部での三次元ネットワークの形成によって起こると報告している．凝集には SH 基の酸化[23]が，三次元ネットワークの形成には不可逆なヘリックス-コイル転移がそれぞれ関わっている．魚ミオシンの熱ゲル化も，畜肉のそれと基本的に同じメカニズムによって起こるが，魚肉のミオシンの場合，尾部のライトメロミオシン部分と頭部の構造が畜肉由来のそれらに比べ著しく脆弱なため，20℃や30℃の低温でさえ壊れ始める．高次構造の崩壊により，頭部は頭部同士あるいは尾部との間に疎水性相互作用[9]や SS 結合[6, 7]を形成して凝集し，ライトメロミオシンは α-ヘリックスの解けを引き金にして各種の相互作用や SS 結合などでネットワークを形成していくものと考えられる．

§3. むすび

魚肉糊の加熱は，坐らせるための低温加熱と，より弾力のあるゲルを形成させるための高温加熱の通常 2 段階で行われている．低温加熱では，ゲル化が進行する過程で，α-ヘリックスのゆっくりした解け（主にミオシン尾部），疎水性芳香族アミノ酸の分子表面への露出（主にミオシン頭部），g-g-t 型の SS 結合の形成などが起こっていくものと思われる．高温加熱においても，ライトメロミオシン部分のヘリックスの解けや頭部構造の崩壊が加熱初期に起こり，それらが引き金となって分子同士の相互作用が増し，ゾルからゲルへと転移していく．以上のことを総括すると，肉糊のゲル化はミオシンの頭部と尾部の構造変化が引き金となって起こること，さらにそのゲル化特性に認められる魚種特異性はミオシンの構造安定性の違いを強く反映したものといえる．

文　献

1）志水　寛・町田　律・竹並誠一：日水誌, 47, 95-104（1981）.

2）A.T. Tu : Raman spectroscopy in biology. John Wiley & Sons Inc., 1982, pp.65-116.

3）I.M. Asher, E.B. Carew, and H.E. Stanley : Laser Raman spectroscopy: A new probe of the molecular conformations of intact muscle and its components, "Physiology of Smooth Muscle"（ed. by E. Bulbring and M.F. Shuba）, Raven Press, 1976, pp. 229-238.

4）E.Li-Chan: *Trends in Food Science & Technology*, 7, 287-370（1996）.

5）W. Sompongse, Y. Itoh, S. Nagamachi, and A.Obatake: *Fisheries Sci.*, 62, 468-472（1996）.

6）伊藤慶明・吉中禮二・池田静徳：日水誌, 45, 1019-1022（1979）.

7）J. Runglerdkriangkrai, Y. Itoh, A. Kishi, and A. Obatake : *Fisheries Sci.*, 65, 304-309（1999）.

8）M. Ogawa, S. Nakamura, Y. Horimoto, H. An, T. Tsuchiya, and S. Nakai : *J. Agric. Food Chem.*, 47, 3309-3318（1999）.

9）E. Niwa, K. Sato, R. Suzuki, T. Nakayama, and I. Hamada: *Nippon Suisan Gakkaishi*, 47, 817-821（1981）.

10）Y. Hirayama, S. Kanoh, M. Nakaya, and S. Watabe: *J. Exp. Biol.*, 200, 693-701（1997）.

11）R. Kawabata, N. Kanzawa, M. Ogawa, and T. Tsuchiya : *Fish Physiology and Biochemistry*, 23, 283-294（2000）.

12）E.B. Carew, H.E. Stanley, J.C. Seidel, and J. Gergely : *Biophys. J.*, 44, 219-224（1983）.

13）M. Ogawa, J. Kanamaru, H. Miyashita, T. Tamiya, and T. Tsuchiya: *J.Food Sci.*, 60, 297-299（1995）.

14）K. Iwata, K. Kanna, and M. Okada: *Nippon Suisan Gakkaishi*, 43, 237（1977）.

15）新井健一・川村久美子・林千恵子：日水誌, 39, 1077-1085（1973）.

16）I. A. Johnston, N. Frearson, and G. Goldspink: *Biochem. J.*, 133, 735-738

(1973).
17) M. Ogawa, T. Tamiya, and T. Tsuchiya: *Fisheries Sci.*, 60, 723-727 (1994).
18) M. Ogawa, T. Tamiya, and T. Tsuchiya : *Comp. Biochem. Physiol.*, 110B, 367-370 (1995).
19) T. Sano, S.F. Noguchi, T. Tsuchiya, and J.J. Matsumoto: *J. Food Sci.*, 53, 924-928 (1988).
20) 土屋隆英：加熱処理中のタンパク質の変性－加熱中の変性，水産加工とタンパク質の変性制御（新井健一編），恒星社厚生閣，1991，pp.25-33.
21) M. Ogawa, R. Miyagi, T. Tamiya, and T. Tsuchiya : *Comp. Biochem. Physiol.*, 122B, 439-446 (1999).
22) K. Samejima, M. Ishioroshi, and T. Yasui: *J. Food Sci.*, 46, 1412-1418 (1981).
23) M. Ishioroshi, K. Samejima, and T. Yasui: *ibid*, 47, 114-120 (1981).

3. ミオシンの加熱による分子間相互作用

今野久仁彦*1

すり身は熱ゲル化食品の素材であり，その主要タンパク質はミオシンである．もし，原材料の魚肉，あるいはすり身中でミオシンの変性が起これば最終製品の品質が劣化する．たとえば，すり身中のタンパク質量とCa-ATPase比活性を掛けた値，全活性は最終的な加熱ゲルの物性と高い相関があるため，すり身の品質を表わす指標として使用されている[1]．すり身は魚肉ミンチを水晒して製造するため，ミオシンの存在状態は魚肉中と同じ，Mf*2の形態を維持しているので，Mfはすり身の試験管内モデルとみなすことができる．塩に溶解したMfは肉糊の試験管内モデルに近似できる．また，ミオシンが加熱ゲル形成の主役であることから，肉糊の加熱ゲル化過程は制御されたミオシンの加熱変性過程ということもできる．ミオシン分子は双頭のS-1と長い尾部rodがネックで連結しているという特徴的な構造をもっており，加熱したとき，それぞれの部位は特徴的な構造変化をすることが予想される．これらのことから熱ゲル化における各部位の役割が提唱されている[2, 3]．本章では肉糊のゲル化中に起こっているであろうミオシンの凝集反応を解明するため，ミオシンおよび塩に溶解したMfの加熱中の凝集反応の解析を行い，ミオシン凝集における各部位の役割について検討した．さらに，肉糊を加熱したときのミオシン凝集反応についても検討した．ここでは，最近までに得られた加熱による魚類ミオシンの分子間相互作用，すなわち凝集反応についてミオシンの構造との関連で議論する．

§1. ミオシンの加熱による凝集

コイミオシン（0.5 M KCl）を加熱し，形成された凝集体をゲルろ過で解析

*1 北海道大学大学院水産科学研究科

*2 略号；Mf，筋原繊維；S-1，サブフラグメント-1；S-2，サブフラグメント-2；HMM，ヘビーメロミオシン；LMM，ライトメロミオシン

すると，ATPase が失活してから形成された凝集体に加え，活性を保持したまま形成された凝集体が見い出される[4]．このようなミオシン凝集体がどのようにして形成されるのかを解明するため，凝集体を集めてキモトリプシン消化し，ゲルろ過で分析した．消化生成物の中に活性を有する単量体 S-1 が得られたので，この凝集体を形成している一部のミオシンの S-1 部分はまだ未変性であることを示している．ミオシンを S-1 と rod に切断してから加熱しても，これまでの報告[5]通り，活性をもった S-1 は凝集しないので，S-1 以外の場所でミオシンが集合していることが推定される．消化生成物には凝集している rod が見い出されるため，活性のあるミオシンが rod 部分で凝集したと考えることもできるが，S-1，rod 混合物の加熱では rod は凝集体を形成しなかったので，この推定は否定される．S-1 と rod が結合しているミオシン分子の形態でないとこのような凝集体形成が再現されず，その部位が S-1 でも rod でもないとすれば，S-1 / rod の接合部分，すなわちネックでの凝集という可能性が残された．これらの研究から，ミオシンの凝集について 2 つの重要な発見がなされたことになる．すなわち，凝集反応は ATPase 失活の後に続く反応とは限らず，失活に先行しうること，rod の凝集はミオシンとして加熱した場合にしか起こらないことである．

ネックでミオシンが絡まりうるのかを知るため，加熱ミオシンをロータリーシャドー法を用いて電子顕微鏡観察した（図 3·1）*3．未加熱試料ではウサギ骨格筋ミオシン分子と区別が付かない双頭構造をもつ骨格筋タイプのコイ・ミオシン分子が観察された（図 3·1A）．一方，加熱試料では多くの凝集体が観察されたが，そのほとんどは頭部で凝集しているものであり，Yamamoto[6] がウサギミオシンを用いて報告した「ヒナギク型の加熱ミオシン凝集体」と基本構造は似ていた．しかし，凝集体を詳細に観察してみると，凝集体を形成している一部のミオシン分子では双頭構造が確認され，ネックで絡まっているミオシン分子が見つかった（図 3·1C）．双頭構造が識別されることから，このミオシンの S-1 部分は変性しておらず，このミオシンを含む凝集体は活性を保持していることが推定された．凝集体の多くはミオシン分子の頭部がお互いに融合し，

*3 田沢朋子・今野久仁彦：コイミオシンの加熱により形成される凝集体の特徴とその形成過程．平成 10 年度日本水産学会春季大会講演要旨集，p.156.

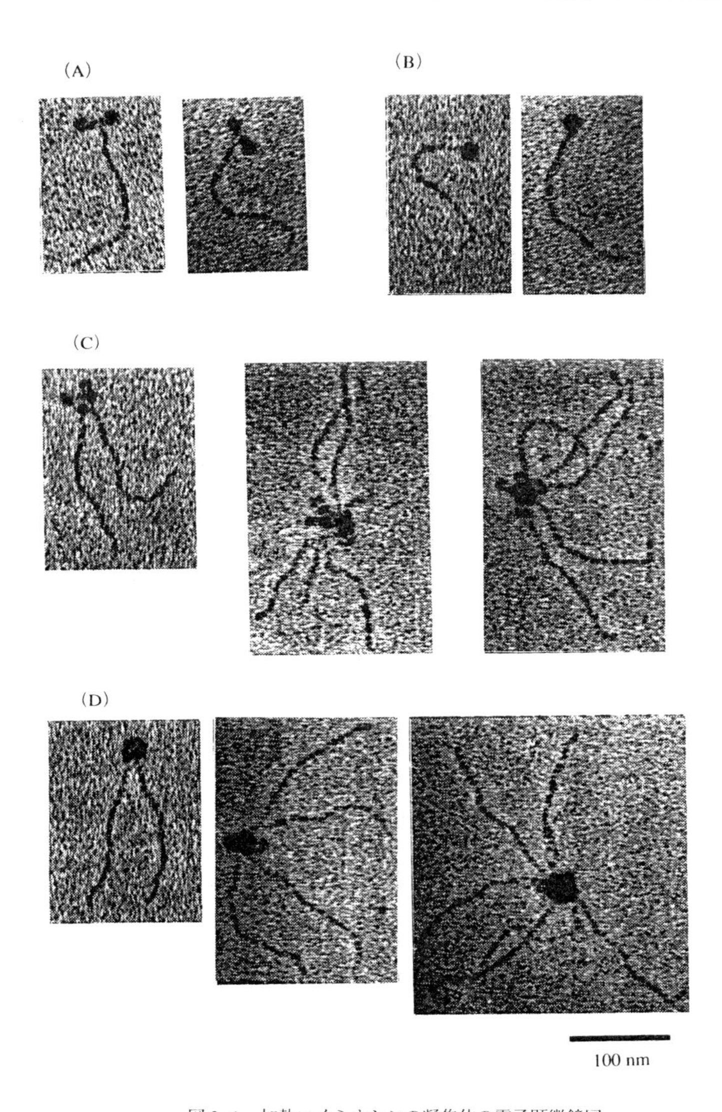

図3·1　加熱コイミオシンの凝集体の電子顕微鏡図.
未加熱および加熱ミオシンで観察された典型的な4タイプのミオシンの形態.
(A) 典型的な未変性単量体ミオシン，(B) S-1 が融合した失活単量体，(C) S-1 が認識できるミオシンを含む活性保持凝集体，(D) 頭部が融合した典型的な失活凝集体.

巨大な中心体のような構造をもつものであった．これらは失活凝集体と考えられる（図3·1D）．また，双頭は融合し，1つになっているが，まだ凝集していない失活単量体ミオシンと推定される分子も見い出されるが，これが加熱ミオシンの単量体画分の比活性が未加熱単量体より低い原因と推定した（図3·1B）．

§2．加熱ミオシンに由来するrod凝集体

ミオシンの加熱では形成されるが，単離したrodの加熱では形成されないrod凝集体について，その形成機構を検討した．加熱ミオシンをキモトリプシン消化すると，その消化初期に，rodにS-1のカルボキシル末端部分が付いている凝集フラグメントが生成し，これがrod凝集体の前駆体と考えられた．未変性S-1はこれ以上消化されないことから，S-1内部で切断されて生成したこの凝集フラグメントは失活ミオシン凝集体から生成したものである[7]．電子顕微鏡観察ではrod部分で凝集している加熱ミオシン凝集体は全く認められず，全ての凝集は頭部で起こっていたので，頭部の凝集体にrodのアミノ末端部分，すなわち，S-2のアミノ末端部分が飲み込まれるようにして形成されたものと考えた．加熱ミオシンを消化し，凝集体rodを単離し，さらにキモトリプシン消化したところ，単量体rodに比べ，単量体S-2の生成量がし著しく少ないことから上の推定が支持された．すなわち，ミオシン分子のネック構造がミオシン凝集体におけるrod凝集に重要な役割を果たしていることが分かった．

これら一連のミオシン凝集に関する研究の中で，加熱により生じたミオシンおよびrodの凝集体が40％飽和硫安により沈殿することを見い出した．この手法を用いることで凝集体と単量体を簡便に分離でき，分画上澄みをSDS-PAGEに供すことで容易に定量化でき，凝集速度の解析が可能となった．アクチンやその他の成分を含んでいるMf中での凝集解析ではATP-Mgを共存させ，ミオシンをアクチンから遊離させた上で，硫安分画を行えばよい．この手法の開発のおかげで，以下の研究が可能となったのである．

§3．筋原繊維の加熱によるミオシン凝集

まず，肉糊のモデルである塩に溶解したMf中でのミオシンの加熱凝集の解析に先立ち，生理的塩濃度でMfを加熱したとき起きる凝集反応について多種

類の魚の Mf を用いて検討した *4. すると，程度の差こそあれ，いずれの Mf でも ATPase の失活に先行してミオシン凝集が起こるが，その機構の違いから大きく 2 つのグループに分類することができた．コイやニジマスのように ATPase の失活に比べ比較的ミオシンの凝集速度が大きい魚種では，S-1 変性に先行した rod の変性が原因となってミオシンの凝集が起こることが分かり，完全に rod 主導型の凝集機構であった [8]．一方，スケトウダラ Mf など比較的失活と凝集速度との差が小さい魚種では rod の変性はミオシン凝集よりかなり遅く，コイなどの Mf のミオシン凝集機構とは違っていた．その違いを調べるため，加熱スケトウダラ Mf を S-1 / rod ではなく HMM / LMM でキモトリプシン切断したところ，生成した HMM の一部はミオシンと同じように ATPase 活性をもったまま凝集体として存在していることが分かった．このことから，ミオシンと HMM に共通した構造であるネック部分で活性をもったまま絡まり合いが生じていることが考えられた．すなわち，スケトウダラ Mf の場合はミオシン単独の凝集機構と同じであると考えられた．なお，ミオシン単独の加熱凝集では rod 凝集反応は S-1 変性より遅く，rod 凝集がミオシン凝集を律速していないことが確認されている *5．これらの解析において，rod では凝集が起こっていたのに，LMM での凝集は全く認められなかったことから，ミオシン凝集反応に LMM 部分は関与していないことが推定された．

§4. 溶解した筋原繊維の加熱によるミオシン凝集

0.1 M KCl 中での加熱によるミオシン凝集機構が異なるコイとスケトウダラの Mf を用いて，塩（0.5 M KCl）に溶解して加熱したときにミオシン凝集反応がどう変化するか肉糊加熱のモデル実験を行った．すると，どちらの Mf も ATPase の失活に先行して凝集が進むという点で同じであったが，コイでは 0.1 M KCl での加熱に比べ，失活と凝集速度の差が小さくなった．一方，スケトウダラではあまり変わらなかった．凝集機構が変わったかどうかを調べるため，加熱 Mf をS-1 / rod，および HMM / LMM で切断して解析を行った．コ

*4 高橋真之・今野久仁彦：筋原繊維の加熱変性様式における魚種特性．平成 10 年度日本水産学会秋季大会講演要旨集，p.157.

*5 田沢朋子・今野久仁彦：Ca-ATPase 失活に先行するミオシンの凝集体形成およびその特徴．平成 9 年度日本水産学会春季大会講演要旨集，p.168.

イでは rod の変性は S-1 の変性より遅くなり，また，rod の一部は凝集するように変わった．そして，rod の凝集速度は S-1 変性と同じとなった．すなわち，ミオシン凝集は rod 凝集より速いので 0.1 M KCl の場合のように rod 変性では説明できず，機構が変化したことがわかる．一方，スケトウダラ Mf では rod 内部で切断されるような変性は S-1 変性より遅いままであったが，rod の凝集速度は 0.1 M KCl 中での加熱より速くなり，S-1 変性速度と同じになった．コイ，スケトウダラ以外でも，溶解して Mf を加熱すれば S-1 と rod が同一の変性凝集速度を示したので，溶解 Mf では魚種による変性様式の違いが消え，統一されると結論した．多分，ミオシン単独の加熱と同じように，活性を有したミオシンがネックで絡まり合うことで凝集体が形成されると考えられた．

さらに，塩に溶解した Mf を加熱したときに rod の凝集速度が S-1 変性速度と一致することに注目し，S-1，rod の変性速度を加熱時の KCl 濃度を変えて測定した（図 3･2）．コイでもスケトウダラでも S-1 変性速度は KCl 濃度の上昇とともに増大している．これは ATPase 失活速度が KCl 濃度の上昇とともに大きく上昇することと一致している[9]．一方，rod の変性速度については，rod の内部でキモトリプシンで切断を受けるか，凝集しているかという 2 通り

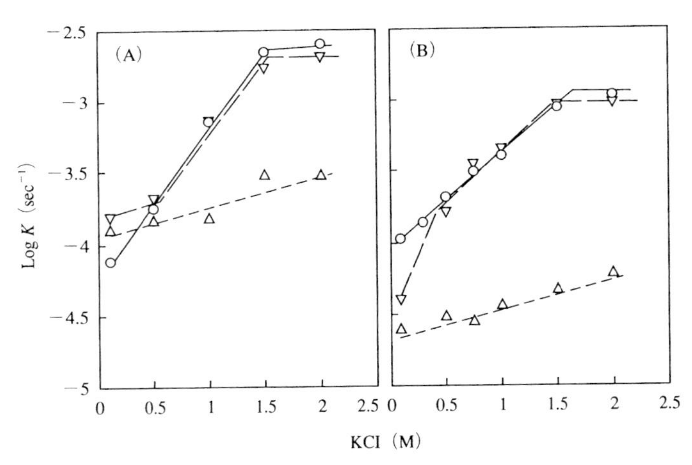

図 3･2　コイおよびスケトウダラ Mf の加熱による S-1 および rod 変性速度の KCl 濃度依存性．

（A）および（B）はそれぞれコイ，スケトウダラ Mf．（○）：S-1 変性速度，（△）：rod 変性速度（内部切断を指標），（▽）：rod 変性速度（凝集体形成を指標）

の変性検出の指標を採用した．コイでもスケトウダラでも 0.3 M 以上の KCl が存在し，Mf が溶解している条件で加熱すると，キモトリプシンで切断はされないが凝集している多量の rod が存在していることが分かる．そして，この rod 凝集速度は S-1 変性速度に一致した．すなわち，rod の凝集はより大きな S-1 変性速度に律速されているものと考えられた．Mf が溶解している条件では，ミオシンは S-1 部分で F-アクチンと強く結合し矢尻構造をとっている．S-1 は F-アクチンにより安定化を受けるので，S-1 を変性させるためにはミオシン単独で加熱した場合に比べより大きな熱エネルギーが必要となる．この熱エネルギーは，自由運動できる rod にも同じように加えられる．rod に加えられたエネルギーは，巨大な F-アクチンに束縛されている頭部を中心に rod の激しい回転運動を引き起こし，それにより分子内で最も絡まりやすい部分であるネックで絡まりが生じることが想像できる．そして，絡まった rod は S-1 が変性凝集すると，直ちにその凝集中に組み込まれていくものと考えられる．これが S-1 変性に律速された rod の凝集反応であろうと推定した．ミオシン単独の加熱では，S-1 変性は少ないエネルギーで引き起こされ，しかも，S-1 は比較的動きやすいことから rod の熱運動による絡まりの確率が小さくなり，rod 凝集は S-1 変性より遅くなるものと推定した．

この加熱による rod の熱運動による絡まりが rod 凝集体形成の原因であるという推定を確かめるため，塩に溶解したスケトウダラ Mf を熱運動が起こりにくい5℃で貯蔵し，その時の rod 部分の凝集速度を求めた．25℃では S-1 と rod 凝集が同じ速度で進行したが，5℃では S-1 変性速度に比べ rod 凝集速度は著しく小さくなり，上記の推定が正しいことが確認できた．Mf の凍結変性でミオシンの凝集反応が非常に緩やかに進行することもこれを支持する結果であろう[10]．

§5．スケトウダラ肉糊中のミオシン凝集

ミオシンや Mf などのモデル系で明らかにしたミオシン凝集反応が実際の肉糊中でも起こっているかを知るため，スケトウダラ肉糊を Mf 加熱と同じ 25℃で加温したときの，ミオシン凝集の様子を調べた[11]．肉糊を加温すると架橋反応によるミオシン重合が起きてしまうが[12, 13]，加温初期には，未架橋ミオシン

がかなり残っている．このミオシンの凝集を溶解性から調べたところ，加温初期から急激な 0.5 M NaCl に対する不溶化が起こり，しかも，そのかなりの部分は 8 M 尿素にさえ溶解しなくなっていた．この結果は，尿素への溶解性が低下していることから判断すると疎水性相互作用によるかなり強固な凝集体ミオ

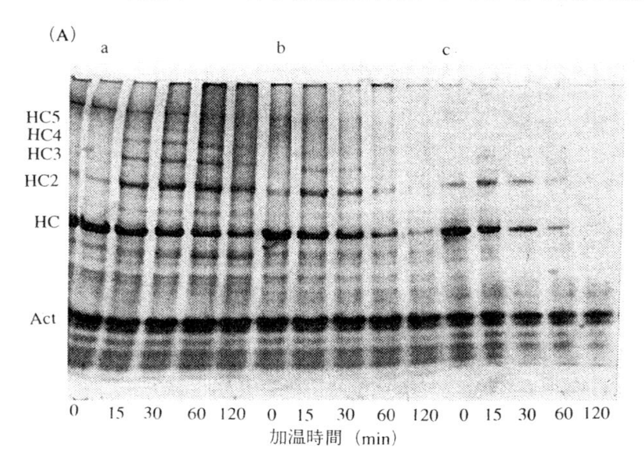

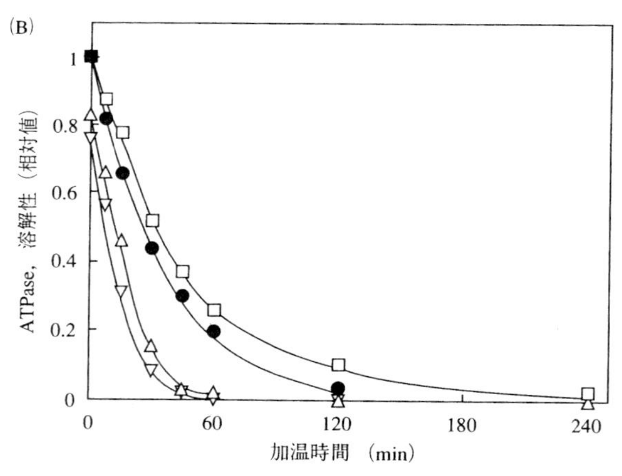

図3・3 スケトウダラ肉糊の加熱中のミオシン凝集.
(A-a) SDS-PAGEによるスケトウダラ肉糊を 25℃で加温したときの構成タンパク質の変化，(A-b) 8M 尿素に可溶画分，および (A-c) 0.5 MKCl可溶画分．HC-HC5はミオシン重鎖の単量体から 5 量体，Act はアクチン．(B) (A) の SDS-PAGE 図からミオシンの回収量を求めた．(□) ミオシン重鎖量（架橋の程度），(△) 8M 尿素可溶ミオシン量，(▽) 0.5 M KCl 可溶ミオシン量，(●) Ca-ATPaseの残存活性.

シンが，共有結合による架橋重合体形成に先立ち，加熱肉糊中で形成されることを示している[14]．しかも，この両溶液に対する不溶化を伴う凝集は ATPase の失活より速く起こり，定性的にはモデルの Mf の場合とよく似ていた（図 3·3）．なお，ミオシン凝集には疎水結合ばかりでなく，よく研究されている SS 結合なども関与していると思われる[15, 16]．

加熱肉糊を均一化したホモジネートをキモトリプシン消化すると S-1，rod および LMM などが生成したが，未加熱肉糊からの生成物と比較すると，LMM 以外の生成量はかなり少なく，LMM 以外の部分はかなりの構造変化が起き，小断片化していることが推定された．しかも，LMM 以外の生成物は塩にも不溶で，硫安分画の結果から凝集体として存在していることが確かめられた．この結果は，肉糊の低温加熱によるミオシン凝集体の中で LMM 以外の部分は凝集体に組み込まれていることを示している．言い替えると，LMM で凝集している確率は低いことを示している．肉糊の加熱温度を 15 から 45℃まで変え，LMM の挙動を追跡してみると，生成量は加熱温度の上昇と共に少なくなったが，いずれも溶解性を保持していたので，基本的には同じであった*6．

§6．スケトウダラ筋原繊維の高温加熱変性

最後に，熱ゲルが形成される 80℃で加熱したときのミオシンはどこで凝集するかを知るため，0.5 M KCl に溶解したスケトウダラ Mf を用いて検討した．Mf を 30 から 80℃までの温度で 30 分間加熱し，その後，解析のため HMM / LMM で切断した．80℃のような高温で加熱を行えばミオシンの native 構造の全てが失われ，全面的な小断片化が予想されたが，それほど極端な消化パターンの変化は起こらなかった（図 3·4）．未加熱 Mf では HMM と 2 本の LMM が検出されが，加熱 Mf ではその消化生成物には HMM が少なくなり，その断片と思われる LMM より分子量の大きい数本のフラグメントが生成している．そして，30℃加熱よりかえって 80℃加熱の方が HMM と思われるバンドの生成量は多かった．これは構造変化が起こっていないのではなく，高温加熱による著しい凝集によりキモトリプシンが HMM 内部の切断部位に到達できなくなっ

*6 今村浩二・今野久仁彦：スケトウダラすり身の坐り中に起きるミオシンの変性．平成 10 年度日本水産学会春季大会講演要旨集，p.183.

たことが原因と思われる．そして，得られた消化物生成物のうち LMM を除いた断片は硫安分画の結果から凝集していることが明らかとなった．これは30℃という比較的低温の加熱でも同じであった．これらの結果から，高温加熱でも LMM の部分は最もミオシン凝集に関わらない部分であることが確認された．

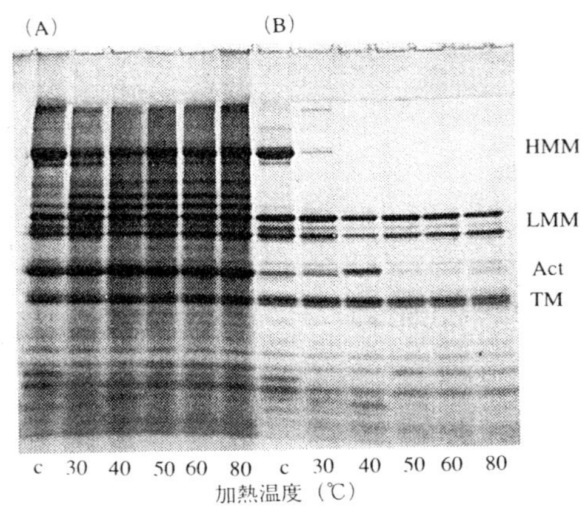

図 3·4　高温加熱したスケトウダラ Mf でのミオシン凝集．
各温度で 30 分加熱したスケトウダラ Mf（0.5 M KCl，pH 7.5）のキモトリプシン消化生成物（A）とその 40％飽和硫安上澄み（B）の SDS-PAGE 図．HMM, LMM，Act，TM は H-メロミオシン，L-メロミオシン，アクチン，およびトロポミオシン．c は未加熱 Mf．

§7．まとめ

ミオシンの加熱凝集反応はミオシン分子のもつ特徴的な構造，すなわち，球状の S-1 と細長い rod が結合することでネックが形成されていることによって決定されていることが明らかになった．さらに，ミオシン分子で起こる個々の部位の凝集は，単独の加熱とは大きく異なり，他の部位の影響を受けることが分かった．すなわち，非常に安定で凝集しない rod も溶解した Mf として加熱すると S-1 変性に律速されながら，その頭部凝集体へ組み込まれて行くようにして凝集してしまう．このような機構でrod凝集が起きるとすれば S-2 は凝集しているが，LMM は最後まで凝集しないこともうなずける．このようなミオシンおよび rod の凝集反応は，スケトウダラ肉糊の坐りに相当する低温加熱でも，熱ゲル化温度のような高温でも起きていることを確認した．このように，

rod や LMM 単独の加熱凝集とミオシンや Mf を加熱した場合では起きていることが大きく異なるので，用いた試料を考慮した研究結果の解析が必要と思われる．

本研究では，これまでほとんど注目されなかったミオシンのネック構造，および S-2 部分がミオシンの凝集反応で重要な役割を果たしているという新しい観点からの提案を行った．熱ゲル化機構の解明にはこのような新しい観点からの研究を含め，いろいろな手法を駆使したさらなる検討が必要である．

文献

1) 加藤 登・野崎 恒・小松一宮・新井健一：日水誌, 45, 1027-1032 (1979).
2) K. Samejima, M. Ishioroshi, and T. Yasui : *J. Food Sci.*, 46, 1412-1418 (1981).
3) T. Sano, S. F. Noguchi, J. J. Matsumoto, and T. Tsuchiya : *ibid*, 55, 55-58 (1982).
4) S. Kato, H. Koseki, and K. Konno : *Fisheries Sci.*, 62, 985-989 (1996).
5) M. Hamai, and K. Konno : *Comp. Biochem. Physiol.*, 95B, 225-259 (1990).
6) K. Yamamoto: *J. Biochem.*, 108, 896-898 (1990).
7) 今野久仁彦・加藤早苗・江湖正育：日水誌, 56, 1885-1890 (1990).
8) K. Konno, T. Yamamoto, M. Takahashi, and S. Kato; *J. Agric. Food Chem.*, 48, 4905-4909 (2000).
9) 若目田篤・野沢誠子・新井健一：日水誌, 49, 237-243 (1983).
10) T. Azuma and K. Konno : *Fisheries Sci.*, 64, 287-290 (1998).
11) 今野久仁彦・今村浩二：日水誌, 66, 869-875 (2000).
12) 沼倉忠弘・関 伸夫・木村郁夫・豊田恭平・藤田孝夫・高間浩造・新井健一：同誌, 51, 1559-1565 (1985).
13) I. Kimura, M. Sugimoto, K. Toyoda, N. Seki, K. Arai and T. Fujita: *Nippon Suisan Gakkaishi*, 57, 1389-1396 (1991).
14) 船津保浩・加藤 登・新井健一：日水誌, 62, 112-122 (1996).
15) 来住 晃・伊藤慶明・小畠 渥：同誌, 61, 75-80 (1995).
16) W. Sompongse, Y. Itoh, and A. Obatake : *Fisheries Sci.*, 62, 473-477 (1996).

4．ライトメロミオシンの構造とゲル形成能

尾島孝男[*1]・樋口智之[*1]・西田清義[*1]

魚肉ねり製品の弾性や保水性は，筋原繊維タンパク質中のミオシンの加熱重合および網状構造の形成によって発現する[1~3]．ミオシン分子は2つの球状頭部と1本の棒状尾部から成るが，網状構造形成には頭部と尾部の両領域の凝集が関与すると考えられている[4~6]．ミオシンの頭部領域が網状構造形成に重要であることは，頭部領域の断片であるS-1やHMMが熱凝集性をもつことから理解しやすいが，ロッドやLMMのように明らかな熱凝集性を示さない尾部領域がどのような機構で網状構造の形成に関与するのかについては未だ不明な点が多い．現在のところ，加熱によって尾部のcoiled-coilおよびα-へリックスの崩壊が起こり，それに伴う疎水的相互作用およびへリックス－コイル転移により尾部間架橋が形成される[2,4~7]，と推定されている．

一方，最近数種の魚類ミオシン重鎖のcDNAがクローン化され，それらの一次構造上の特徴が比較研究されている[8~11]．さらに，魚類LMMの加熱による構造変化の様式や不安定性の原因などがアミノ酸配列レベルで研究されるようになった[12,13]．このような基礎的研究により得られた知見は，ミオシンの加熱重合に果たす尾部の役割をより深く理解する上で有用と思われる．そこで，本章ではこれまでに明らかにされた魚類LMMの構造上の特徴を概説するとともに，最近筆者らが得たスケトウダラLMMの加熱による構造変化様式と凝集性に関する知見を紹介する．

§1．ライトメロミオシンの基本構造

LMMは全長約150 nmのミオシン分子の尾部末端約70 nmに相当する領域で，重鎖の一次構造（1930～1940アミノ酸残基）においてはC末端約570残基部分に相当する．LMMは分子全体にわたり2本のα-へリックスが互いに巻いた，いわゆるcoiled-coil構造をとっている[14]（図4·1）．coiled-coil構造は

*1 北海道大学大学院水産科学研究科

28 アミノ酸残基を 1 つの構造単位（ゾーン）としており，LMM は 20 ゾーン，ロッドは 37 ゾーンの coiled-coil から成る．一つのゾーンは 4 つの α-ヘリックス・セクションに分けられ，一つのセクションを構成する 7 アミノ酸残基は，Helical wheel 図（α-ヘリックスを軸方向に沿って透視した図）において a～g に位置する（図 4･1）．それらのうち coiled-coil の内側（2 本の α-ヘリックスの接触面）に相当する a と d には Ile や Leu といった疎水性アミノ酸が配置することが多い．coiled-coil 構造は主にこれらのアミノ酸側鎖間の疎水的相互作用によって形成されると考えられている．一方，ANS などの疎水プローブを用いた解析により，LMM の表面疎水性は変性によって顕著に増大することが明らかにされているが，この疎水性の増大は coiled-coil の部分的崩壊および疎水性アミノ酸側鎖の反転露出によるものとされている[15～17]．また，e と g に配置する正荷電および負荷電アミノ酸間の静電的相互作用により coiled-coil

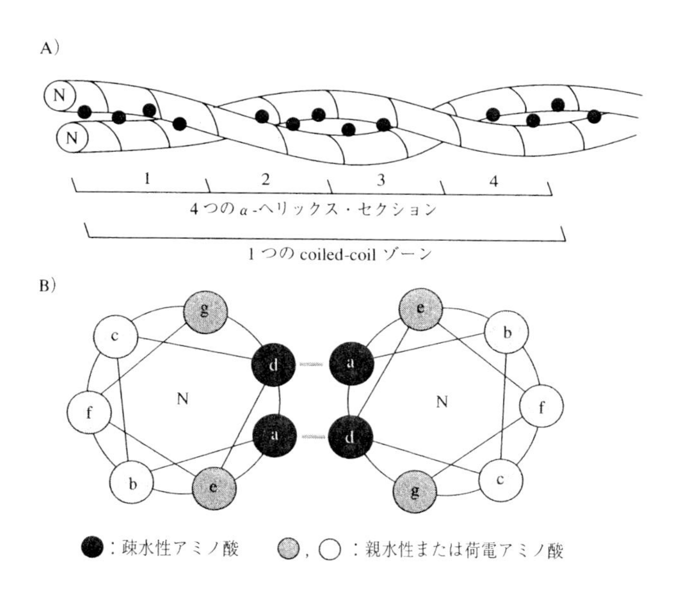

図 4･1　Coiled-coil 構造の模式図
A）1 つの coiled-coil ゾーンは 28 アミノ酸残基から成り，それらは 4 つの α-ヘリックス・セクションに分けられる．coiled-coil の内側（●）には疎水性アミノ酸が配置することが多い．B）1 つの α-ヘリックス・セクションを Helical wheel 図で示した（MacLachlan & Jonathan, *Nature*（1982）の図を改変）．

構造は安定化される．一方，b，c，f に配置した正荷電および負荷電アミノ酸側鎖間の静電的相互作用により，生理的塩濃度下でのフィラメント形成が起こると考えられている[14]．このような LMM の構造上の特徴は，コイ[8]，スケトウダラ[9, 10]，シログチ[11]，サケ*2 など魚類の LMM の一次構造においてもよく保存されている（図 4･2）．例えば，a および d 位置のアミノ酸は魚類 LMM においても多くの場合疎水性アミノ酸である．なお，配列図中に示した“＋”は coiled-coil のピッチのずれを補正する skip 残基で，LMM にはこれが 3 ヶ所に存在する．

最近，10℃と 30℃に馴化したコイの LMM 間に見られる温度安定性の違いの原因が各種の LMM 変異体を用いて研究された．それによれば，温度安定性の差異は主に LMM の C 末端側領域に散在する 8 ヶ所のアミノ酸置換によることが示された[13]．一方，筆者らは魚類 LMM とウサギ LMM の一次構造を比較した結果，魚類 LMM には共通して Gly への置換が多い（約 13 ヶ所）ことを見い出した（図 4･2）*2．逆に，魚類 LMM からウサギ LMM への Gly の置換はわずか 3 ヶ所に見られるのみであった．一般に Gly は α-ヘリックスを不安定化するアミノ酸とされているので，これらの Gly が魚類 LMM を不安定化している要因の一つとなっていることが考えられる．魚類 LMM の構造不安定性の原因を明らかにするには，タンパク質工学的に作成した各種の変異体 LMM を用いた解析が必要と思われる．

§2．加熱による構造変化

畜肉・魚肉を問わず，ミオシンの加熱ゲル化には LMM 領域の構造変化が密接に関係するとされている．そこで，筆者らはスケトウダラの LMM の加熱による構造変化様式を詳細に検討した[12]．なお，スケトウダラ LMM は筋原繊維を α-キモトリプシンで消化した後，硫安分画することにより容易に調製でき[12]，N-末端アミノ酸配列分析の結果，この LMM はミオシン重鎖の C-末端側 564 残基部分（約 65-kDa）に相当する断片と同定された．

まず，CD スペクトルによりスケトウダラ LMM の高次構造の温度依存的変

---

*2 岩見祐基・上山惟太・井上　晶・尾島孝男・西田清義：シロサケ・普通筋ミオシン重鎖の全一次構造．平成13年度日本水産学会春季大会講演要旨集，p.161.

```
                                   13+                            42                            70
     defgabcdefgabcdefgabcdefgabc  defgabcdefgabcdefgabcdefgabc  defgabcdefgabcdefgabcdefgabc
Rab                RTKYETDAIQRTEE  LEEAKKKLAQRLQDAEEHVEAVNAKCAS  LEKTKQRLQNEVEDLMIDVERTNAACAA
Pol                .S............  ...S.........E...QI....S....  .........G......V....A.GLA.N
Sal                ..............  .................TI..T.S..S.  .........G...........A..MA.N
Cro                .S............  .................QI....S....  .........S...........A.GLA.N
Car                .A............  ...S.............SI....S....  .........S........G..A..LA.N

                              98                           126                     ▼     154
Rab  LDKKQRNFDKILAEWKHKYEETHAELEA  SQKESRSLSTEVFKVKNAYEESLDQLET  LKRENKNLQQEISDLTEQIAEGGKRIHE
Pol  ..........V..D..Q....GQ....G  SL..A......L..M..S.K.T..H...  M..................G.T..S...
Sal  ..........V.....Q....GQ....G  A...A..M...L..L..S...A..H...  ...................G.T..S...
Cro  ..........V.....Q....GQ....G  A...A...G..L..M..S..........  M..................G.T..S...
Car  ..........V..D..Q....SQ.....  A...A......L..M..S...A..H...  ...............S..LG.T..S...

                             182     ▼                    210+                           239
Rab  LEKVKKQVEQEKSELQAALEEAEASLEH  EEGKILRIQLELNQVKSEIDRKIAEKDEE  IDQLKRNHIRVVESMQSTLDAEIRSRND
Pol  ...S.....T..T.I.S......GT...  ..S....V......I.G.V...L......  ME.I...SQ..ID...A...S.V.....
Sal  ...A..T..T....I.T......GT...  ..S....V......I.G.V..........  ME.I...SQ...D.......S.V.....
Cro  ...A.....T....I.T......GT...  ..S....V........G.V...L......  ME.I...SQ..ID.......S.V.....
Car  I..A..T..S..A.I.T......GT...  ..S....V..............L......  ME.I...SQ..LD.......S.V.....

                             267                         ▼295                            323
Rab  AIRIKKKMEGDLNEMEIQLNHANRMAAE  ALRNYRNTQGILKDTQLHLDDALRGQED  LKEQLAMVERRANLLQAEIEELRATLEQ
Pol  .L.................S....Q...  .QKQL..V..Q...A.......V.AA..  ....A.......NG.MV.......A...
Sal  .L.V...............S.S..Q.S.  .QKQL..V..Q...A.......V.VA..  M...A.......NG.MV......VA...
Cro  .L.................S....Q...  SQKQL..V.AQ...A.......V.A.D.  F...A.......NG.MM......VA...
Car  .L.V............V..S....Q...  .QKQL..V..Q...A.......V.....  M...V.......NS.M.........A...

                             351                           379                           407
Rab  TERSRKVAEQELLDASERVQLLHTQNTS  LINTKKKLETDISQIQGEMEDIVQEARN  AEEKAKKAITDAAMMAEELKKEQDTSAH
Pol  ...G........V......G...S....  .L.S.....S.LV.V...VD.S......  ..........................S.
Sal  ...G.....T..V......G...S....  .L.........LV.V...VD..I.....  ..........................S.
Cro  ............V......G...S....  .M.......A.LV.....VD.T......  ..........................S.
Car  ...G........V......G...S....  ...S.......LV.V...VD.A......  ............................

                             435+                          464                           492
Rab  LERMKKNMEQTVKDLQHRLDEAEQLALKG  GKKQIQKLEARVRELEAEVESEQKRNVE  AVKGLRKHERRVKELTYQTEEDRKNVLR
Pol  .......L.V.............N..M..  ....L........D..S..DN..R.GA.  .I..V..Y..............K..GC.
Sal  .......L.V.............N..M..  ....LQ...W......T...A..R.G.D  ....V..Y..............K...G.
Cro  .......L.VA............N..M..  ....LQ...S..........A..R.GGD  ....V..Y..............K...A.
Car  .........L.............S..M..  ....LQ...S..H.......A..R.GAD  ....V..Y..............K...T.

                             520                           548               564
Rab  LQDLVDKLQAKVKSYKRQAEEAEEQCNI  NLSKFRKLQHELEEAEERADIAESQVNK  LRVKSREVHTKVISEE
Pol  .........L...A....S......A.S  Y...C..V.....A.........T....  ..A.T.DSGKGKETA.
Sal  .........M...A...H......AA.Q  HM.....V...............T....  ..A.T.DSGKGKEVA.
Cro  .........L...G...........A.V  H...C..I...............T....  ......DIGKGKDAA.
Car  ......N..L...A...........A.T  H..RY..V......SH............  ..A....AGKTKVE.
```

図4·2　ウサギLMMと魚類LMMの一次構造の比較

Rab，ウサギLMM[18]；Pol，スケトウダラ　LMM[10]；Sal，シロサケLMM[*2]；Cro，シログチLMM[11]；Car，コイ（10℃馴化）LMM[8]，配列はcoiled-coilゾーン（28残基）ごとに区切ってある．ウサギの配列と同一のアミノ酸は“.”で表した．配列の上の数字はLMMのN-末端アミノ酸を1とした時の残基番号，“+”はskip残基，最上段の斜体アルファベットはα-ヘリックスにおけるアミノ酸残基の位置を示している．枠で囲った箇所（13箇所）はウサギの配列に対し2種類以上の魚種LMMでGlyに置換している残基である．逆に，魚類LMMの配列に対してウサギLMMでGlyに置換している箇所（3箇所）は矢印で示した．

化を調べた（図 4･3）．それによれば，スケトウダラ LMM の α-ヘリックスは 20℃以下の低温域から徐々に崩壊し，25℃以上ではそれが急激に進むことが分かった．その崩壊の主転移温度は約 28℃で，ウサギ LMM の約 43℃より 15℃低かった．次に，スケトウダラ LMM の α-ヘリックスの崩壊に伴う α-キモトリプシン消化性の変化を SDS-PAGE により解析した（図 4･4）．その結果，5～10℃ではスケトウダラ LMM は主に 58-および 56-kDa の断片に消化されるが，温度上昇に伴いさらに 42-kDa，36～33-kDa および 27-kDa の断片に消化されることが明らかになった．そこで，これらの断片を PVDF 膜にブロッティングした後，N 末端のアミノ酸配列を分析した．その結果，58-および 56-kDa 断片，42-kDa 断片，および 36～33-kDa 断片のN-末端配列はいずれも ETDAIQ-で，もとの LMM の N 末端（RSKYETDAIQ-）からわずか 4 残基が除去されたに過ぎないものであった．このことは，LMM（65-kDa）からのこれらの断片への低分子化は，C 末端領域が温度上昇に従い段階的に消化されたためであることを示している．なお，27-kDa 断片は LMM の C 末端領域由来の断片であった．30℃以上になると，42k-Da 断片は 33-kDa 断片（25℃以

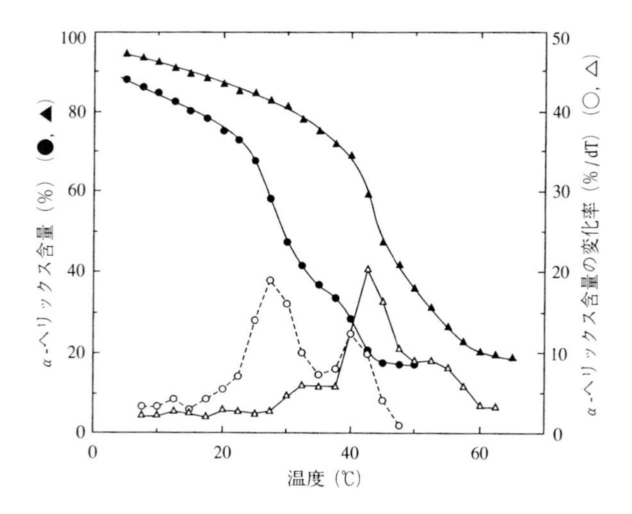

図 4･3　温度上昇に伴う LMM の α-ヘリックスの崩壊
スケトウダラ（●, ○）およびウサギ（▲, △）LMM の α-ヘリックス含量（●, ▲）とそれらの変化率（○, △）を示した．

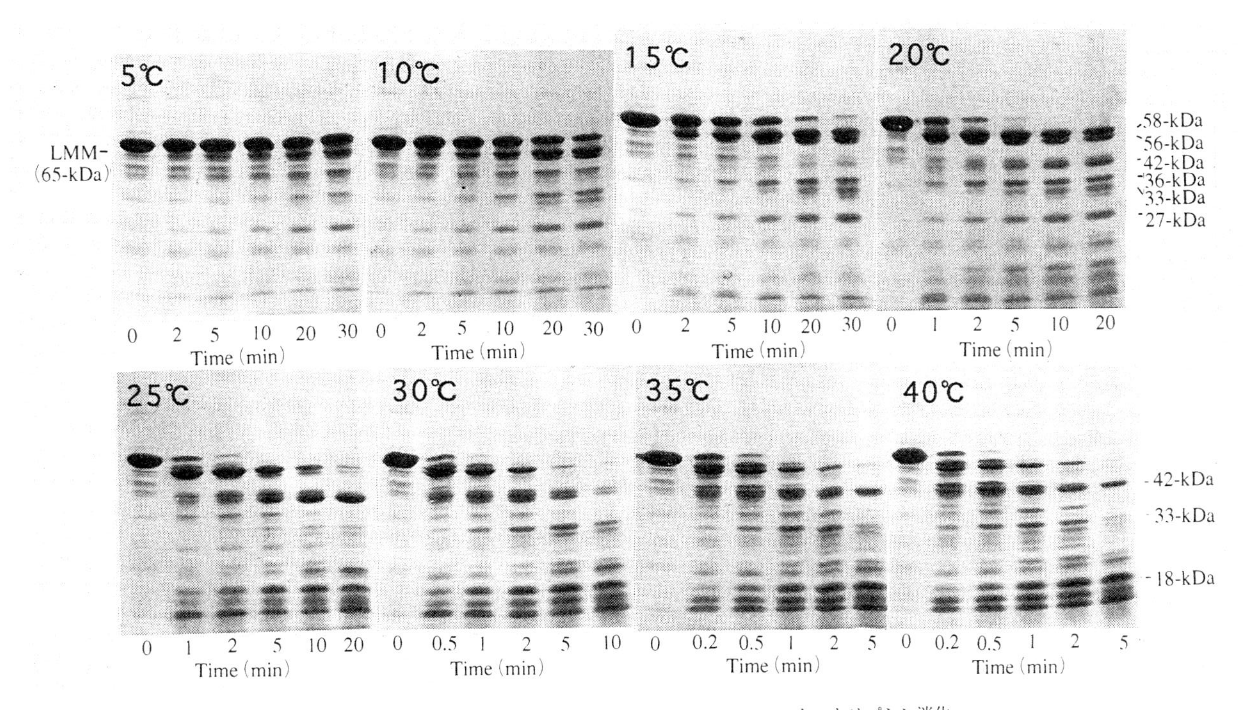

図4·4　種々の温度におけるスケトウダラLMMのα-キモトリプシン消化
消化条件：0.5M KCl 20mM Tris-HCl（pH7.5），2mg / ml LMM，および1/200重量のα-キモトリプシン．

下の消化で生じた 33-kDa 断片とは異なる）および分子量 1 万以下の断片に消化された．この 33-kDa の断片は 42-kDa 断片が中央付近で消化されて生じた C-末端側の断片であった．これら α-キモトリプシン消化の結果は，スケトウダラ LMM の高次構造の崩壊が温度の上昇にしたがって C-末端側から徐々に起こること，また，N-末端側の42-kDa領域は比較的安定な領域であることを示している．

このように熱安定性の低いスケトウダラ LMM の C-末端領域は，その崩壊が不可逆的であることも示された．すなわち，LMM を 50℃で 10 分間加熱した後 10℃に冷却した結果，全体の約 25％が不可逆的に崩壊することが分かった[12]．一方，残りの 75％の α-ヘリックスはさらに数回加熱－冷却を繰り返しても可逆的に巻き戻った．そこで，このように加熱処理した LMM を α-キモトリプシンで消化し生じた断片のアミノ酸配列を分析した．その結果，C-末端領域（345～564 番アミノ酸領域）は低分子量のペプチドに断片化され，N-末端領域（5～344 番アミノ酸領域）は 42-kDa 断片として残存することが明らかになった．これらの結果は，加熱により可逆的に巻き戻るのは主に LMM の N-末端側の 2/3（42-kDa）領域であり，戻らないのは C-末端側 1/3 の領域であることを示している．42-kDa 領域の崩壊が可逆的であることは，単離した 42-kDa 断片を用いても確認できた[12]．

§3．加熱凝集性

一般に，ミオシン尾部の加熱による架橋形成は coiled-coil 構造および α-ヘリックス構造の崩壊によって露出した疎水基間の相互作用および分子間絡まり合いによって起こると考えられている[4～7, 15, 16]．筆者らが研究してきたスケトウダラの LMM においても，α-ヘリックスの崩壊の転移温度付近で疎水性の増大が起こることが ANS 蛍光の測定により明らかになっている．しかしながら，疎水性が最大となる条件においても LMM の濁度上昇やゲル化は認められず，比較的高いタンパク質濃度（50 mg / m*l*）においてわずかな粘度上昇が観察されるにすぎなかった．このように，スケトウダラ LMM の凝集は，少なくとも筆者らの実験条件（0.5 M KCl, 20 mM Tris-HCl（pH 7.5））においては，濁度やゲル形成によって検出できないと思われた．そこで筆者らは，LMM とミオシンとの共凝集反応を利用することにより LMM 間の凝集反応を検出することを試みた．すなわち，スケトウダラ・ミオシンは加熱により容易に凝集・ゲル化し，超遠心分離で沈殿するようになるので，加熱の際に LMM を共存させ，これがミオシン尾部と結合して共沈殿するかどうかを調べることとした．先ず，ミオシンと LMM の混合物を 40℃で 10 分間加熱した後，200,000 × g で 1 時間遠心分離し，得られた沈殿を SDS-PAGE で分析した．その結果，LMMはミオシンとともに沈殿画分に得られることが明らかになった（図4·5）．一方，HMM と LMM の混合物を同様に加熱し遠心分離したが，この場合には LMM は沈殿画分にほとんど得られなかった．これらの結果より，LMM はミオシンの HMM 以外の領域すなわちLMM領域と凝集し，共沈殿したと考えられた．また，LMM とミオシンの共沈殿物を 0.5 M KCl で懸濁してから遠心分離しても，LMM は沈殿から除去できなかった．このことから，LMM はミオシンの沈殿の中に溶媒とともに単に包含されていたのではなく，ミオシンと安定に結合していたものと考えられた．なお，あらかじめ別々に加熱した LMM とミオシンを混合した後に遠心分離しても LMM は共沈殿しなかった．このことは，LMM とミオシン尾部を凝集反応させるには，両者を共存させた状態で

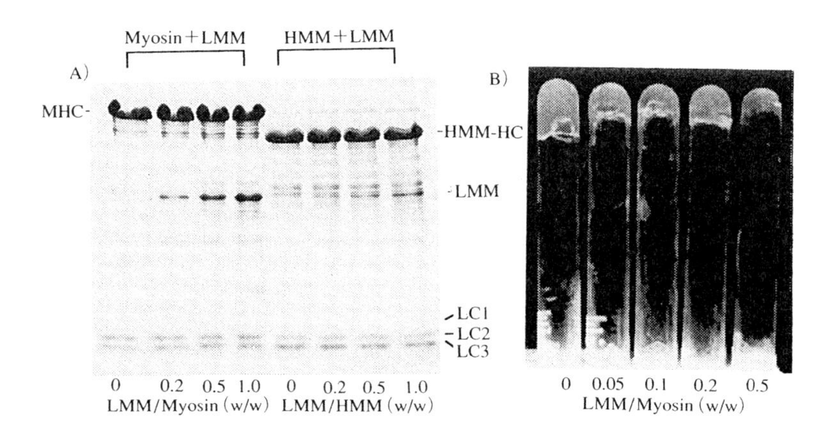

図4·5 スケトウダラ LMM とミオシンの共凝集

A) スケトウダラ LMM とミオシンの共凝集．LMM はミオシンとは加熱により凝集して超遠心で沈殿するようになるが，HMM とは凝集沈殿しない．

B) スケトウダラ LMM によるミオシンのゲル化の阻害．スケトウダラ・ミオシンに種々の重量比で LMM を添加し 40℃で 10 分間加熱した後，試験管を倒置した．

加熱する必要があることを示している．これは，LMM とミオシン尾部の凝集がヘリックス-コイル転移を伴う分子間架橋や限定的な分子間 coiled-coil 形成などによって起こる可能性を示すものである．一方，LMM がミオシン尾部に結合することにより，ミオシン尾部間の凝集が阻害される可能性が考えられる．また，それによってミオシンのゲル化も阻害されることが予想される．そこで，ミオシンのゲル化におよぼす LMM の添加の効果を試験管倒置試験により調べた．その結果，LMM を添加すると予想通りミオシンのゲル化は著しく阻害され，試験管の倒置によりゲルが落下するようになった（図 4･5）*3．この結果はミオシン尾部間の相互作用がゲル形成に必須であるという従来の報告を支持するものである．

§4．まとめ

最近明らかになった魚類ミオシン重鎖の一次構造の比較研究により，魚類 LMM にも coiled-coil に特徴的な構造がよく保存されていることが明らかになった．ただし，ウサギ LMM と比較して魚類 LMM には Gly への置換が多く存在することが分かった．これら Gly への置換が魚類 LMM の構造不安定性の原因であるかどうかは，今後タンパク質工学的研究を含めた各方面からの研究が必要である．一方，スケトウダラ LMM の加熱による構造変化の様式を解析した結果，その C 末端側 1/3 領域は N 末端側 2/3 領域に比べて不安定で崩壊しやすいこと，かつその崩壊は不可逆的であることが明らかになった．さらに，超遠心共沈試験により LMM はミオシンの LMM 領域と凝集すること，また，それによりミオシンのゲル化が阻害されることを見い出した．今後，LMM の高次構造の崩壊と LMM の凝集との関係を詳細に解析することにより，ミオシンの網状構造形成に果たす尾部領域の役割を解明できると考えている．

*3 樋口智之・尾島孝男・西田清義：スケトウダラ・ミオシンと LMM 断片との加熱による共凝集反応．平成 13 年度日本水産学会春季大会講演要旨集，p162.

文　献

1）土屋隆英：加熱中の変性．水産加工とタンパク質の変性制御（新井健一編），恒星社厚生閣，1991，pp. 25-33.
2）木村郁夫：ねり製品中の挙動．水産加工とタンパク質の変性制御（新井健一編），恒星社厚生閣，1991，pp. 73-80.

3）岡田　稔：かまぼこの科学，成山堂書店，1999，pp. 51-72.

4）K. Samejima, M. Ishioroshi, and T. Yasui: *J. Food Sci.*, 46, 1412-1418（1981）.

5）M. Ishioroshi, K. Samejima, and T. Yasui: *ibid.*, 47, 114-120, 124（1981）.

6）T. Sano, S. F. Noguchi, J. J. Matsumoto, and T. Tsuchiya: *ibid.*, 55, 55-58, 70（1990）.

7）A. S. Sharp and G. Offer : *J. Sci. Food Agric.*, 58, 63-73（1992）.

8）Y. Hirayama and S. Watabe : *Eur. J. Biochem.*, 246, 380-387（1997）.

9）T. Ojima, N. Kawashima, A. Inoue, A. Amauchi, M. Togashi, S. Watabe, and K. Nishita : *Fisheries Sci.*, 64, 812-819（1998）.

10）M. Togashi, M. Kakinuma, Y. Hirayama, H. Fukushima, S. Watabe, T. Ojima, and K. Nishita: *ibid.*, 66, 349-357（2000）.

11）S. H. Yoon, M. Kakinuma, Y. Hirayama, T. Yamamoto, and S. Watabe : *ibid.*, 66, 1163-1171（2000）.

12）T. Ojima, T. Higuchi, and K. Nishita : *ibid.*, 65, 459-465（1999）.

13）M. Kakinuma, A. Hatanaka, H. Fukushima, M. Nakaya, K. Maeda, Y. Doi, T. Ooi, and S. Watabe : *J. Biochem.*, 128, 11-20（2000）.

14）A. D. MacLachlan and J. Karn: *Nature*, 299, 226-231（1982）.

15）T. A. Gill and J. T. Conway : *Agric. Biol. Chem.*, 53, 2553-2562（1989）.

16）J. Morita and T. Yasui : *ibid.*, 55, 597-599（1991）.

17）C. Boyer, S. Joandel, A. Ouali, and J. Culioli : *J. Sci. Food Agric.*, 72, 367-375（1996）.

II．ミオシン以外の筋肉構成タンパク質の役割

5．アクチンおよびその他筋原繊維タンパク質

土屋隆英*・江原　司*

かまぼこ原料として使用される魚肉すり身は通常筋肉タンパク質すべてを含んだミンチ肉を使用しているが，大量生産されるすり身の場合には水晒し処理して作られることが多い．特にスケトウダラを原料魚とした時の冷凍すり身製造にはこの工程が欠かせない．ミンチ肉を水晒しすると筋形質を構成する水溶性タンパク質成分が除去され，すり身中には筋原繊維タンパク質と筋基質タンパク質が大部分を占めるようになる．中でも筋原繊維タンパク質がすり身の大半を占める．さらにそのすり身はアクチンとミオシンとを主成分タンパク質としている．このすり身に食塩を加えて練ると両タンパク質からアクトミオシンが形成され，そのゾルを加熱すると構造変化してかまぼこゲルとなる．

§1．かまぼこゲル形成に必要なタンパク質

原料魚の処理過程でできるアクトミオシンがかまぼこゲルの主体タンパク質となる．しかしながら，アクトミオシンもアクチンやミオシン以外の複数のタンパク質から構成されており，その各タンパク質の存在量は動物種や筋肉の違いにより大きく異なっている．さらに量だけではなく，ゲル形成に関わる性質もタンパク質間での違いがある．アクトミオシン中で存在量の大きいのがミオシンであり，ゲル形成におけるミオシンの寄与は大きい．実際にかまぼこゲルの独特の食感を生みだす成分はミオシンであると以前からいわれており，真のゲル物性発現因子がミオシンであろうと指摘されている[1, 2]．かまぼこを始めとするねり製品のゲル形成にとって最も重要なタンパク質はミオシンであることは疑いのないことである．この考え方の正当性を高めるために，筆者らはす

* 上智大学理工学部

り身からミオシンを単離し，高タンパク質濃度のゾルとしたものを加熱してゲル化させた．ジェリー強度などを指標とした物性測定により，これが良好な物性値をもつゲルになることを報告している．また，ミオシンゲルとアクトミオシンゲルとの物性を比較してみると，ミオシンゲルのジェリー強度はアクトミオシンのものより極めて高くなる．ミオシンの膜状ゲルを引っ張ると，もとの長さの 10～20 倍にまで伸びるほど弾力のあるものになることも見いだしている．これらの結果を基にミオシンがゲル形成には欠かせないタンパク質であることを証明している．

このミオシンゲルとアクトミオシンゲルとの物性に違いが生じる原因を知るのに，ミオシンとアクチンとの混合割合を変えたゲルを作製しその物性を比較した．各混合ゲルのジェリー強度は系中のミオシン量が増すにしたがって大きくなり，より弾性の高いものになるのが観察[3]される（図 5･1）．さらに示差走査熱量分析や **NMR** 分析によってもミオシンがゲル形成にとって重要なタンパク質であることが明らかにされている．結局，ゲルの物性はアクトミオシンよりもミオシンのみの方が良好になる．このようなことはかまぼこを作るのにミオシンさえあればよいことになる．ゲル形成ばかりでなく，かまぼこの独特の食感を生み出すもとになるのもミオシンの性質によるところが大きい．

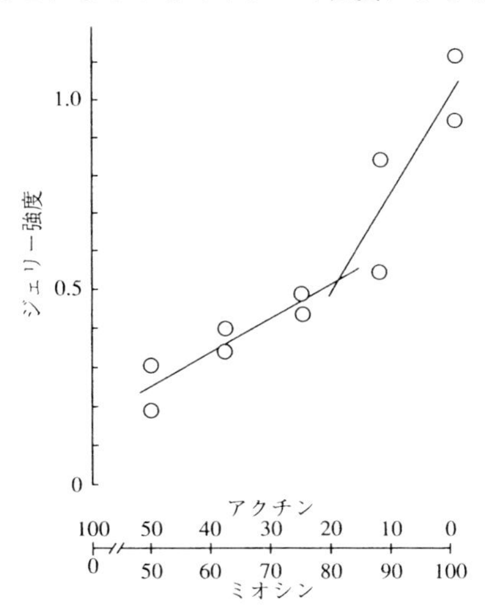

図 5･1　ミオシンにアクチンを加えたときのジェリー強度

そうなるとミオシン以外のタンパク質はゲル化にいかなる働きをしているのだろうかとの疑問が生じる.

§2. アクチン

2･1 アクチン添加時のゲル物性

筋原繊維タンパク質のもう一方の旗頭であるアクチンはミオシンに次いで占める割り合いが大きい. しかし, アクチンはゲル形成能をもたないばかりかミオシンのゲル形成力を低下させたり, ゲル化を阻害するような働きをするタンパク質であるといわれている. このようなことからするとアクチンはゲル化にとって有害なタンパク質になるのであろうか?

ミオシンを使用した時と同様にジェリー強度 (図 5･1) や示差走査熱量分析, NMR 分析によりゲル形成時のアクチンの働きを調べてみた. アクチン試料を加熱しながら動的粘弾性を測定してみると, ミオシンの時と大きく異なり, 温度が上昇しても弾性成分と粘性成分ともに増加せず減少していく (図 5･2). このことからアクチンゾルはゲルへと変化しないことが分かり, かまぼこゲルの形成にアクチンは不必要なタンパク質であると判断される. しかしながら, アクチンがゲル化にとり重要な働きをしているのが NMR 分析から明らかにされている. 未加熱のゾル状態の場合, ミオシンに対するアクトミオシン, すなわ

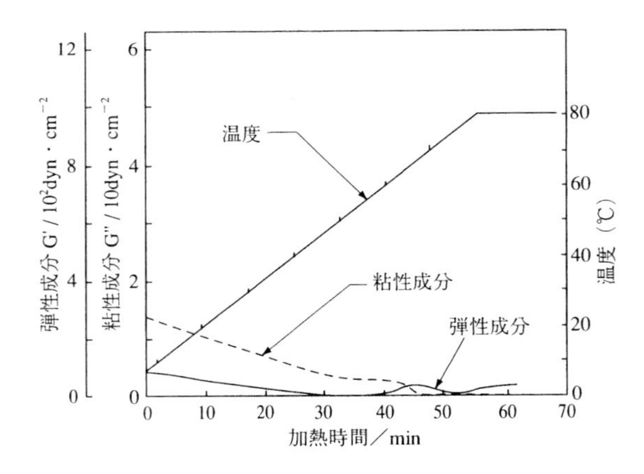

図 5･2 コイ・アクチンの動的粘弾性.
温度上昇とともに両成分とも減少する

ち系のアクチンの占る割合が高くなるとピークの半値幅は広がる．このことは未加熱の時，ミオシンよりもアクトミオシンの方が水の束縛度が強くなることを示し，アクチンが加わることで，ゾルは水の包接力が高くなっていることを示唆している．一方，ゲルになった時にはミオシン単独の場合，水の束縛度が強くなり，しなやかな感じを与えるようになる．それに対しアクトミオシンをゲルにすると水の束縛度は弱くなる．ミオシンとアクトミオシンのゲル物性の違いはこの点を反映しているものと思われる．

2･2　粘性に対するアクチンの寄与

ゲルのジェリー強度の高さを目安とした品質のよさを考えるならミオシンのみでゲルを形成させたほうがよいはずである．しかし，市販のかまぼこはジェリー強度の高さのみに視点が置かれ作られているわけではない．かまぼこに限らずねり製品は食欲をそそる姿，形であることはいうに及ばず，噛みごたえや喉ごしも食べる人にとり好ましいものである必要がある．

市販かまぼこにはケーシング詰め，笹かまぼこなどの他に販売量の大きい板付かまぼこがある．読んで字のごとく板上のゾルが加熱によりゲル化しかまぼこになったものである．板付けかまぼこ製造時，大事なことは加熱前の製造途中でゾルが板上に留まっていることである．板付かまぼこを作るためすり身を使用するのならなんら問題は生じない．しかし，かまぼこの品質の善し悪しを決める指標となるジェリー強度を上げるためにゾル中のミオシン含量を高めたとする．ミオシンのみとかミオシン含量の極めて高いゾルでは粘性が低くなり，かまぼこを作る時，板上で成型しようとしても，ミオシンゾルは板上に留まらない．ゾルは板上から流れ落ちてしまうので，加熱しても板に付いたかまぼこを作ることができなくなる．一方，この粘性の低いミオシンゾルにアクチンを

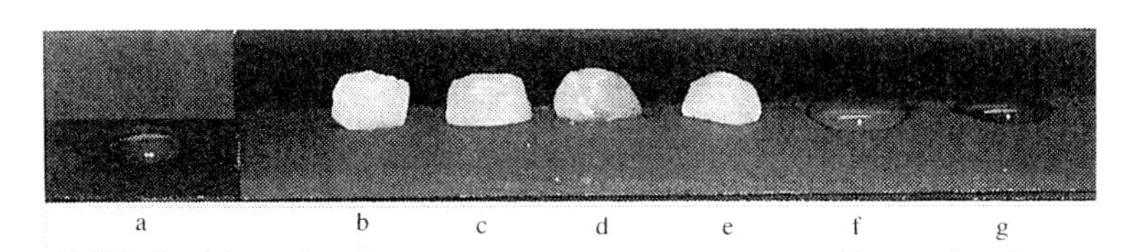

図5･3　アクチンとミオシンとをいろいろな割合で混合したゾル
タンパク質濃度 4.4％に NaCl2.5％を加えて練ったものアクチン：ミオシン　a, 8：0；b, 4：4；c, 3：5；d, 2：6；e, 1：4；f, 1：7；g, 0：8

加え，その割合が上がると粘性が増してくる．このようなゾルは板から流れず板上に収まるようになる．こうなるとゾルは形付けられ，目的とする製品に成型できるようになる（図5·3）．

かまぼこの中には染色したゾルを用いて色調鮮やかな日本画を模した製品である細工かまぼこ（図5·4）や，富山地方の結婚披露宴に彩りとして膳に供えられる芸術的なかまぼこも作られている．制作者の思い通りの絵柄に仕上がるように細工をするためには，ミオシンにアクチンを加えることでゾルに粘性をもたせることが必要となる．ちくわの場合も同じで，両タンパク質を混合し，ある程度の粘性をもたせるとすり身が竹の棒に付着するようになるので，加熱でき，製品となる．アクチンはただ単にゲル中のタンパク質濃度を高めるのに役立つだけではなく，ゾルに粘性を付与することでゲル性食品としての成型を可能にする働きをしている．アクチンはねり製品製造には不可欠なタンパク質である．さらにジェリー強度を上げる目的でミオシンのみとか，ミオシン含量の高い原料を使用してかまぼこを作ろうとすると，ゲルの強度が大きくなりすぎ，ゴム弾性に近いものになる．このような製品は噛み切るのに大変苦労する．この点もアクチンが加わることにより和らげられ，食感の良好な製品となる．

畜肉や魚肉を構成するタンパク質はそれぞれ固有の物理化学的性質をもっている．それらの性質を巧みに利用することで，市販できるようなゲル性食品が作られている．

§3. パラミオシン

かまぼこの原料となるすり身にはミオシンやアクチン以外にも多種のタンパク質が含まれて，独特の食感をもつゲルを作り出している．特に水産無脊椎動物肉の場合には魚肉に存在しないパラミオシンと呼ばれるタンパク質が多量に含まれている．

パラミオシンは生体内で分子同士の集合体を作り，フィラメントを形成している．フィラメントが芯となり，その周囲にミオシン分子を結合させて太いフィラメントを作っている．パラミオシンはα-helix 含量がほぼ100％で，分子量11万前後の2本のサブユニットがcoiled-coil を形成する特有の構造をしている．その含量は動物種により様々であり，例えば，スルメイカ外套膜斜紋筋

図5・4　細工かまぼこ作成に使用した染色すり身（福岡県志岐蒲鉾店提供）．この色調は，伊東深水作「麗日」をイメージしたといわれる．ミオシンにアクチンが加わったすり身は粘性が高くなるからこのような美しい色調の製品製造が可能となる．

では筋原繊維タンパク質中の 14%，ホタテガイ貝柱横紋筋で 3%，カキ貝柱横紋筋で 19%，平滑筋では 38%を占め，含量に違いがある[4]．いずれの無脊椎動物でもパラミオシンは筋タンパク質の中で比較的高い含量になり，筋原繊維中ではミオシンやアクチンに匹敵する量になる．そのため無脊椎動物肉で作られるねり製品の食感が魚肉ねり製品とは異なると指摘される[5]のも，パラミオシンがゲルの形成や物性に影響を与えていることによるものと思われる．

そこでパラミオシンが筋タンパク質のゲル形成過程でどのような影響を与えているのか，パラミオシンと魚肉天然アクトミオシンの混合系ゾルの加熱過程での動的粘弾性変化を測定し，ゲル化やゲル物性発現におけるパラミオシンの役割を調べた．

3·1 パラミオシン添加ゲル

コイ天然アクトミオシンにイカ肉から調製したパラミオシンをいろいろな割合になるように加え，その動的粘弾性を測定した結果が図 5·5 になる．加えたパラミオシン量が増加するにしたがって 70℃での弾性成分 G'の値は高くなる．また，パラミオシンを加えていないときに認められた魚肉天然アクトミオシン

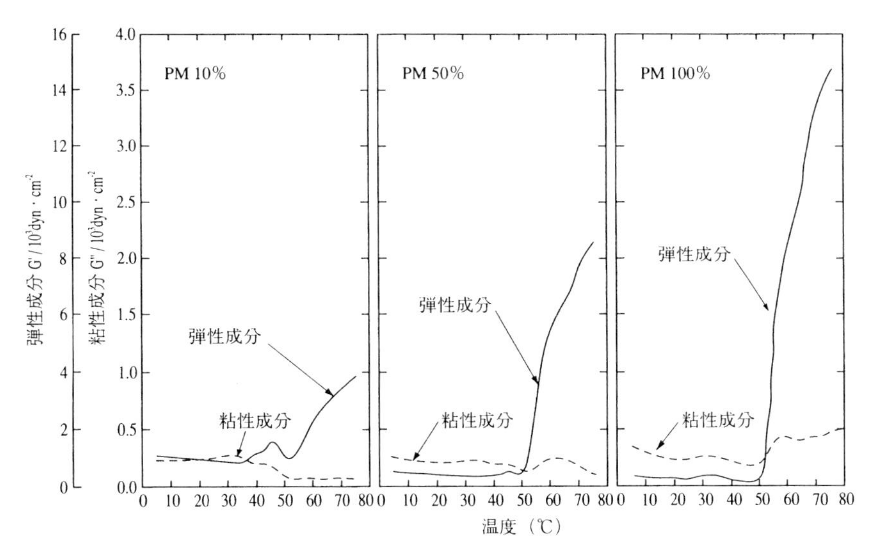

図 5·5 コイ天然アクトミオシンにイカパラミオシンを加えたときの動的粘弾性
パラミオシン含量を変えたときの変化

に特有な 45℃付近のピークは添加量が増すにしたがって小さくなり，パラミオシンのみでは消失する．このことから，パラミオシンを添加すると魚肉天然アクトミオシンのみのときとは異なった過程を経てゲルが形成されるものと推定される．

また，ゲル化した 70℃での G'の値とパラミオシン量との間には図 5･6 のように，パラミオシンの添加量が増加するにつれ G'の値が直線的に高くなる．このことからパラミオシンは弾性成分を著しく増加させる性質をもつことが分かる．これは引っ張り強度測定の結果とも一致している（図 5･7）．しかし，破断応力はパラミオシン量が増加するとともに上昇するのに対し，伸び率はその量が 15～35％のときに最大になる傾向を示している[6]．この量は興味深いことに多くの無脊椎動物の筋原繊維中のパラミオシン含量に相当している．

魚肉天然アクトミオシンやすり身にパラミオシンが添加されたことで，魚肉のみで作られたかまぼこゲルとは異なった物性が付与されるようになることが，各種測定から分かる．また，ゾル中でのパラミオシン量を調節しゲルへの形成過程を変えることで物性をある程度コントロールすることが可能と思われる．

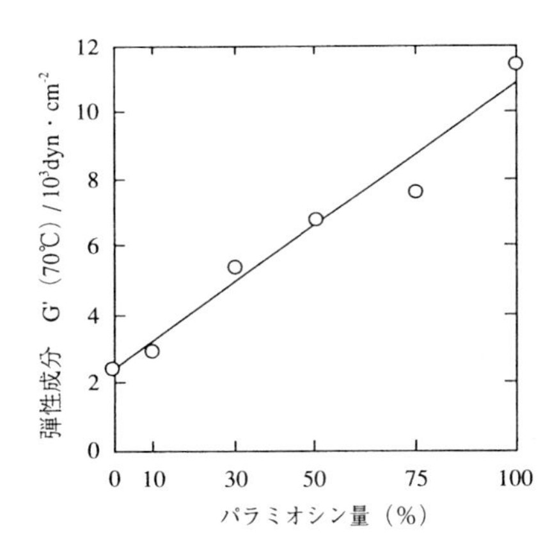

図 5･6　コイ天然アクトミオシンとイカパラミオシン混合系ゲルの 70℃での弾性成（G'値）とパラミオシン量との関係

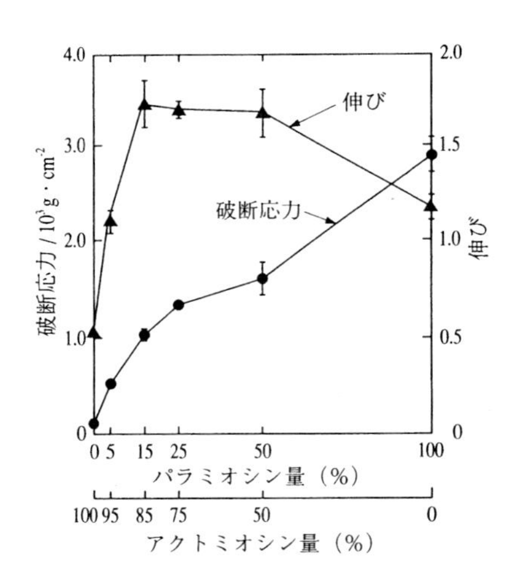

図 5･7　コイ天然アクトミオシンとイカパラミオシン混合系ゲルの破断応力と伸び
NAM，コイの天然アクトミオシン；
PM，イカのパラミオシン

近年，日本ではもちろんのこと欧米諸国でもカニ足やホタテ貝柱の無脊椎動物肉のイミテーション製品が製造され，代替品として市場に出回るようになっている．イミテーション製品は無脊椎動物の組織に似せているので，その食感はカニ足肉や貝柱肉などの天然物にかなりの程度似てきているが，いまだ十分とはいえない．しかし，従来の板付けかまぼこなどとは異なった食感を楽しむことができる製品となっている．天然ものとイミテーション製品とで物性に違いが生じるのはゲル中にパラミオシンが存在するかどうかの違いによるものと思われる．それ故，イミテーション製品に幾分でもパラミオシンやそれを含む無脊椎動物肉を加えると，一層本物に近い物性をもつものとして製品化できる可能性は大きい．

それでは魚肉へのパラミオシンの添加ではなく，実際にパラミオシンを含んだ水産無脊椎動物肉そのものを利用すると，どのような食感をもったゲルができるのであろうか？　パラミオシン含量は動物種により異なるので，その違いがゲル物性の違いをもたらす要因となることも十分考えられる．これを解明するためにはパラミオシン含量とゲル物性の間にいかなる関係があるのを知るのが第一になる．

3･2　動物種の違いによるパラミオシン量変化

十数種類の無脊椎動物筋の天然アクトミオシンを SDS-PAGE 後，デンシトメーターで分析し，ミオシン重鎖，パラミオシン，アクチンの含量を求めてみると，天然アクトミオシン中に含まれるアクチン量は各種無脊椎動物間で大体同じになる．しかし，ミオシン重鎖量を基にしたミオシン量は脊椎動物の筋原繊維タンパク質中でほぼ一定の割合を占めるのに対し，無脊椎動物の場合には差が大きくなる．例えば，貝類のサザエ，トコブシ，タイラギ，ナミガイのように筋原繊維タンパク質中のミオシン重鎖は 20％以下しか含まれていないのに対し，ホタテガイ，マガキ，アコヤガイのように 50％近く含まれるものまで様々である．貝類に比べ節足動物類はミオシン含量が低いとの特徴がある．このことはパラミオシン含量にも影響し，パラミオシン量が種間で差を生じる原因となっている．そのミオシン量とパラミオシン量との間には逆比例関係が認められる．この量比を考慮した上で，16 種の無脊椎動物肉からパラミオシンを含んだ天然アクトミオシンについて，加熱しながら動的粘弾性を測定しゲル形成過程を比較してみた．

3･3　水産無脊椎動物天然アクトミオシンの動的粘弾性

16 種からの天然アクトミオシンの加熱時の変化の様子は 4 つに大別され，軟体動物頭足類マダコ，二枚貝類マガキ，節足動物から甲殻類ケガニ，クルマエビの 4 種グループになる[7]．試料としたいずれの無脊椎動物天然アクトミオシンでも昇温すると G'の増加および G"の減少が認められ，魚肉天然アクトミオシンの変化とよく似ている．しかし，いずれの無脊椎動物の場合でも 70℃での G'の値が魚肉天然アクトミオシンの 2 倍以上となる点で違いが見られる．また魚肉天然アクトミオシンに認められる 40～50℃付近での G'の減少は無脊椎動物では観察されなくなるか，あるいは観察されてもごくわずかである．G"の値も魚のそれとは異なり種による違いが大きく，温度の上昇とともに高くなったあと，急激に低くなるものや，緩やかに減少するものなど様々である．

マダコとヤリイカの天然アクトミオシンは，昇温すると 40～50℃付近にわずかに G'の減少する点を通過した後，温度の上昇とともに値が高くなるような比較的魚肉天然アクトミオシンと似た変化の様子を示している．しかし，マダコの場合は，低温域で G'が急に上昇する点でヤリイカと違いがある．G"も魚のそれと似ている．貝類の天然アクトミオシンもマダコと似た変化を示すが，70～80℃のゲル化の温度帯で G'の値は非常に高くなる．一方，節足動物のケガニ，クルマエビのアクトミオシンの場合，G'が急激に上昇する温度は，40℃以上と他の無脊椎動物より高温側にシフトし，貝類とも異なった特徴ある変化の様子を示す．

無脊椎動物天然アクトミオシンを加熱したときに観察されるゾルからゲルへの変化は魚肉天然アクトミオシンとは異なった様子を示している．また同じ無脊椎動物に属していながら種間でも違いがある．このような違いが出るのはパラミオシン量の違いの影響によるものと考えられる．次にこの違いが加熱ゲル化に影響を及ぼしている可能性を見てみると，イセエビやハナサキガニなどの節足動物類のように一般的にパラミオシン含量が低いものでは 70℃での G'の値が低くなる．サザエやアワビなどの貝類ではパラミオシン含量が高く，G'の値も高くなる．しかし，この結果のようにパラミオシン含量と G'の変化が常に比例関係にあるのではなく，パラミオシン含量が 15～35％では特に高い G'の値になる．それ以上になると逆に G'の値が低くなってしまう．これらのことからパラミオシンのゲル形成時での関わりかたは単純ではなく，ある濃度範囲にはいることが重要になる．すなわちパラミオシンがアクトミオシンに一定量含まれるとき，弾性成分をあげるようになる．

3·4　ゲルの引っ張り試験

動的粘弾性測定からパラミオシンはアクトミオシンゾルからゲルへのゲル形成過程で影響を及ぼすことが分かるが，実際に作った無脊椎動物肉のゲルでもパラミオシンは特別な働きをし，物性に影響を与えているのであろうか？ 膜状ゲルの伸び率，破断応力，引っ張り強度，ヤング率の 4 つの指標について，パラミオシン含量とそれぞれの測定値との関係について検討した．いずれの無脊椎動物肉ゲルにおいても伸び率は魚に比べ高い値を示し，マダコ，マガキ，クルマエビなどでは 2 倍，ケガニでは 4 倍もの値になる．パラミオシン含量が 15％以下と比較的低いものの伸び率は高い．これらはいずれも節足動物に属するものであった．これに対しパラミオシン含量が 30％以上と高い軟体動物のマダコ，サザエ，ナミガイなどは節足動物に比べ逆に伸び率が低くなる．無脊椎動物肉アクトミオシンゲルの伸び率に違いがでるのはパラミオシンの寄与によると考えるのが妥当である．また，破断応力とパラミオシン量との関係では含量の高いマダコ，マガキで比較的高い値を示し，パラミオシン含量の低いクルマエビ，ケガニで低くなっている．さらに，伸び率と破断応力との積である引っ張り強度は，パラミオシン含量が 10～35 ％付近の無脊椎動物天然アクトミオシンではいずれも高い値を示す（図 5·8）．これらは先に述べた動的粘弾性の結果とよく似た傾向になる．これらの物性測定によると，ある範囲のパラミオシン量だと弾性に富むしなやかなゲルが形成されるが，それ以下あるいは以上のパラミオシン量では伸び率は低下し，破断応力，ヤング率も変化し，堅いゲルになる．これは前に記したパラミオシンの添加実験と似た傾向である．

以上，パラミオシンが加わったゲルは魚肉ねり製品とは異なったゲル化過程を経て作られる．それが物性に違いをもたらしている．また，無脊椎動物でもパラミオシン含量に違いがあると，異なる物性をもつゲルになる．パラミオシンを魚肉にある量を積極的に加えることで，従来のかまぼこなどとは異なったゲル物性をもつねり製品を製造できる可能性がある．このようなことを考えると無脊椎動物肉を魚肉に加えることで新しい食感をもった製品の開発の道も拓かれるであろう．

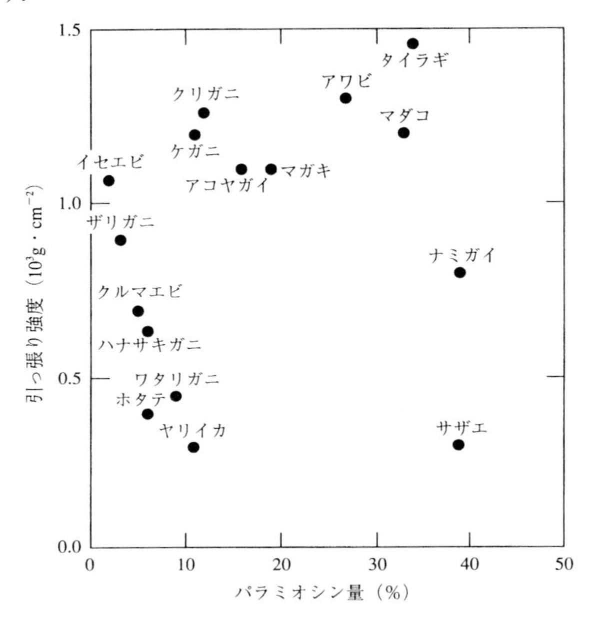

図5・8　水産無脊椎動物肉中のパラミオシン含量と引っ張り強度との関係

§4．トロポミオシン

パラミオシンはミオシンとかアクチンとは異なったゲル形成への寄与の仕方をする．これはパラミオシンのタンパク質構造上の特徴が反映されている可能性が大きい．ゲル形成能の高いミオシンとパラミオシンとの間では分子量の差を除くと α-helix 含量が高いことに共通点がある．パラミオシンと同じように α-helix 含量100％で，2本のサブユニットがcoiled-coilを成す繊維状タンパク質であるトロポミオシンが筋原繊維に存在している．トロポミオシンは生体内ではアクチンやトロポニンなどとともに細いフィラメントを構成する分子量約7万のタンパク質であり，すり身の原料となる筋肉中には数％含まれている．このためトロポミオシンもゲル形成に特別な役割を果たすことが考えられる．そこでスケトウダラからミオシンや，トロポミオシンを含まないアクトミオシン（脱感作アクトミオシン）を調製し，それに濃度を変えながらトロポミオシンを加えてゲルを作製する方法で調べた．トロポミオシンが単独でゲルを形成するのか否かを調べてみると，トロポミオシンゾルは加熱により粘稠なペースト状のものへと変化するものの，単独ではゲルにならない．それでは脱感作アクトミオシンに加えたときはゲル形成能に影響するのであろうか？

脱感作アクトミオシンゾルは加熱すると適度に堅いが，しなやかな感じを与えるゲルになるが，トロポミオシンを5%でも加えると，ゲルの堅さやしなやかさは減少する．添加量が15%になると更に堅さもしなやかさも失われ，25%を超えると非常に脆いゲルとなる．トロポミオシンが50%以上占めるともはやゾルは粘稠なペーストになるだけでゲルにはならない．加熱ゲルの物性測定結果で，破断応力（図5·9）も伸び率もトロポミオシンが増加するにしたがって直線的に低下する．すなわちトロポミオシンが加わると，その加熱ゲルはもはやアクトミオシン自身の良好なゲルを作る性質が失われ，弱くて脆いゲルとなる．このことはトロポミオシンがアクトミオシンのゲル形成を抑制し，低濃度でもゲル物性を低下させるような働きをするタンパク質と考えられる[8]．

トロポミオシンはパラミオシンと構造が類似しているにもかかわらず，パラミオシンのようにはゲル物性を改質しない．両タンパク質間でのこのような違いを生じる原因を探ってみると，両者の間には22万と7万と分子量に差がある．繊維状タンパク質であるので分子量の差は必然的に分子長の差となる．パラミオシンの長さが120～150 nmであるのに対し，トロポミオシンは40 nmで，パラミオシンの約1/3である．この長さの違いがゲル形成時に影響を及ぼしていると考えるのが適当と思われる．

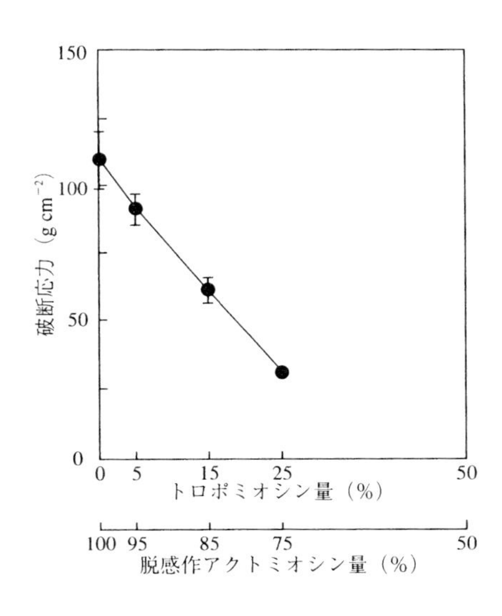

図5·9 スケトウダラ脱感作アクトミオシンにトロポミオシンを加えたときの破断応力

分子の長さの差がゲル物性へ影響するなら次のようなことも考えられる．パラミオシンがゲル形成時に加えられると，アクトミオシンの網目構造に取り込まれて，網目間の橋渡しをすることでゲル構造を補強するのに対し，トロポミオシンは短いため網目構造をとるアクトミオシン繊維間の橋渡しができず，球状タンパク質と同じように網目を破壊するような働きをするものと思われる．このような違いがゲル物性の違いになったものと思われる．同じ 100％の α-helix 構造のタンパク質であってもゲル形成にこのような違いが生じる．

§5．終わりに

かまぼこを初めとするねり製品を作るために最も重要なタンパク質はもちろんミオシンである．しかし，ねり製品はゾルを成型した上で加熱したものが，製品になる．製品にする加工過程ではミオシン以外のアクチンなど様々なタンパク質が存在することが必要となる．そのようにして作られたものがはじめて消費者に受け入れられ，市販できるような完成品となる．各種タンパク質を加えて作られたねり製品は独特の食感をもち，それを旨いと感じさせるため消費者に受け入れられる．ミオシン以外のタンパク質はただ単にタンパク質濃度を高めるのに必要とされるだけではない．目的とするような形にするための成型や，従来の製品とは異なった食感を付与し製品の付加価値を高める重要な働きをしている．

文　献

1）K. Iwata, K. Kanna, and M. Okada : *Nippon Suisan Gakkaishi*, 43, 237 (1977).

2）T. Akahane, S. Chihara, Y. Yosida, T. Tsuchiya, S. Noguchi, H. Ookami, and J. J. Matsumoto : *ibid*, 50, 1029-1033 (1984).

3）T. Akahane, S. Chihara, Y. Yosida, T. Tsuchiya, S. Noguchi, H. Ookami, and J.J.Matsumoto : *ibid*, 47, 105-111 (1981).

4）土屋隆英：無脊椎動物の筋原繊維タンパク質，魚肉タンパク質（日本水産学会編），恒星社厚生閣，1977，pp.24-42.

5）野口　敏：水産ねり製品技術研究会誌，5，356-363（1979）.

6）T. Sano, S. F. Noguchi, T. Tsuchiya, and J. J. Matsumoto : *J.Food Sci.*, 51, 946-950 (1986).

7）土屋隆英・江原　司：水産ねり製品技術研究会誌，17，242-257（1991）.

8）T. Sano, S. F. Noguchi, T. Tsuchiya, and J. J. Matsumoto : *J. Food Sci.*, 54, 258-264, 279 (1986).

6. 筋形質タンパク質

森　岡　克　司*

魚肉のゲル形成能は，魚肉中の筋原繊維タンパク質（Mf-P），特にミオシンに依存しており，アクチンや筋形質タンパク質（Sp-P）などミオシン以外のタンパク質はゲル形成に対して修飾因子として作用しているものと考えられている[1]．Sp-Pは，筋形質に含まれる解糖系などに関係する酵素群，クレアチンキナーゼ，ミオグロビンなどの水溶性タンパク質から成り，魚肉中の全タンパク質の20～35％を占めている[2]．魚類のSp-Pについて比較生化学的見地からの総説はあるものの[3,4]，原料化学的見地からSp-P自身の熱凝固特性や魚肉ゲル形成に対する効果などをまとめたものについては，これまであまり見当たらない．そこで本章では，Sp-Pの熱凝固特性および魚肉ゲル形成修飾因子としてのSp-Pの魚肉加熱ゲル形成に対する影響について最近得られた結果を中心に紹介する．

§1. 魚肉ゲル形成に及ぼす影響

魚肉ゲルの強度を比較するとき，同一水分含量で比較するのが一般的である．しかし，無晒肉ゲルと晒肉ゲルの強度を比較する場合，同一水分含量では，晒肉ゲルのMf-P濃度は無晒肉ゲルよりも高くなる．Mf-Pはゲルの網状構造の主構成成分であり，この濃度が高くなるとゲルの強度が高くなることが知られている．したがって無晒肉ゲルと晒肉ゲルの強度を同一水分含量でのみ比較しても，両者のゲル強度の差がMf-Pの濃縮効果によるのか，あるいは除去された成分の影響によるのかは定かではない．このことから，魚肉のゲル形成に及ぼすSp-Pの影響を調べる目的で無晒肉ゲルと晒肉ゲルの強度を比較する場合，水分含量を同じにしたゲルのほかにMf-P濃度を同じにして無晒肉ゲルと晒肉ゲルの強度を比較検討する必要があると思われる．そこで，無晒肉ゲルと晒肉ゲルの強度を同一Mf-P含量および同一固形分含量のもとで比較することによ

* 高知大学農学部

り魚肉のゲル形成に対するSp-Pの効果を検討した[5]．なお，試料ゲルは80℃直加熱で調製するとともに，各試料のSDS-PAGE分析を行い，Mf-Pの分解並びに重合について確認した．

マサバ（肉のpHが6.0以上の高鮮度のもの）無晒肉および晒肉加熱ゲルの強度を同一水分含量および同一Mf-P量で比較したところ，同一水分含量では無晒肉ゲルよりも晒肉ゲルの方が強くなったが，同一Mf-P含量では逆に無晒肉ゲルの方が強くなった．（図6･1）このことから，Sp-Pは，Mf-Pのゲル形成を阻害せず，逆に補強するものと考えられた．

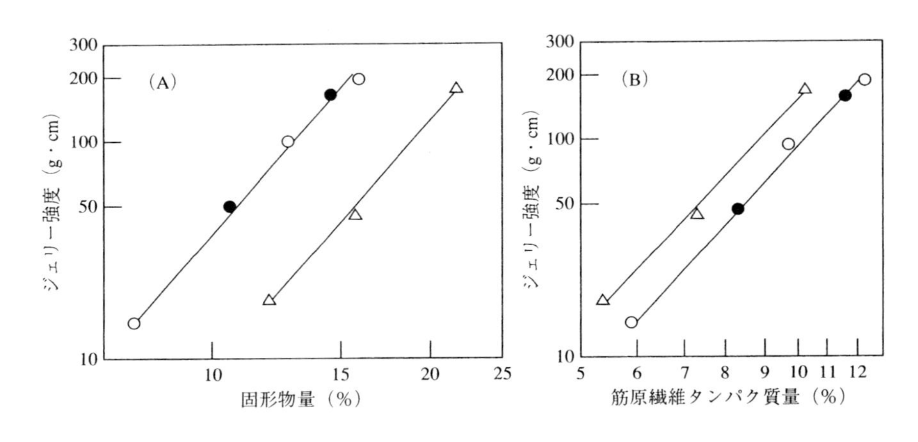

図6･1　無晒肉および晒肉加熱ゲルの強度と水分量（A）並びに筋原繊維タンパク質量（B）との関係．△，無晒肉加熱ゲル；○，晒肉加熱ゲル；●，晒肉加熱ゲル（晒した後，5 mm目ステンレスネットに通し，太い筋を除去した晒肉）．

志水・西岡[6]はアクトミオシンとSp-Pが熱凝固の際，相互に干渉しあい，またこの相互作用はあらかじめSp-Pを熱凝固させると失われることを報告している．もし，このアクトミオシンとSp-Pの間に認められる相互作用がゲル形成に対して補強的に働いているならば，未変性Sp-Pを添加したゲルは熱変性させたSp-Pを加えたゲルより強くなるはずである．この事実を確かめるためにマサバMf-Pにマサバ普通肉より調製したSp-Pもしくはあらかじめ90℃で10分間加熱し，変性させたSp-Pを添加してその強度を比較した．また，Sp-Pと同量の水を加えたものをコントロールゲルとした．結果は，未加熱Sp-

P を加えたゲルの強度は 158 g·cm となり，90℃で 10 分間加熱した Sp-P 添加ゲルの強度 105 g·cm に比べて約1.5 倍となった．また，コントロールゲルの強度は 64 g·cm であった．このことからも，Sp-P は Mf-P のゲル形成に対して補強的に働くことが明らかとなった．

§2．ゲル形成特性

Sp-P 自身のゲル形成能について調べたところ[7]，Sp-P 溶液は，タンパク質濃度が 10%以上で押し込み強度測定が可能なゲルを形成した．この Sp-P ゲルの特徴を明らかにするために，Sp-P ゲル，卵製アルブミンゲルおよび Mf-P ゲルを同一条件（タンパク質濃度 15%，NaCl 濃度 2.5%，加熱温度 80℃，加熱時間：押し込み試験用ゲル（内径 1.5 cm×高さ 1.5 cm）10 分間；引張り試験用ゲル（内径 3.1 cm×高さ 3.0 cm）20 分間）で調製し，これらを押し込み試験および引っ張り試験に供してその破断パターンを比較検討した．その結果，

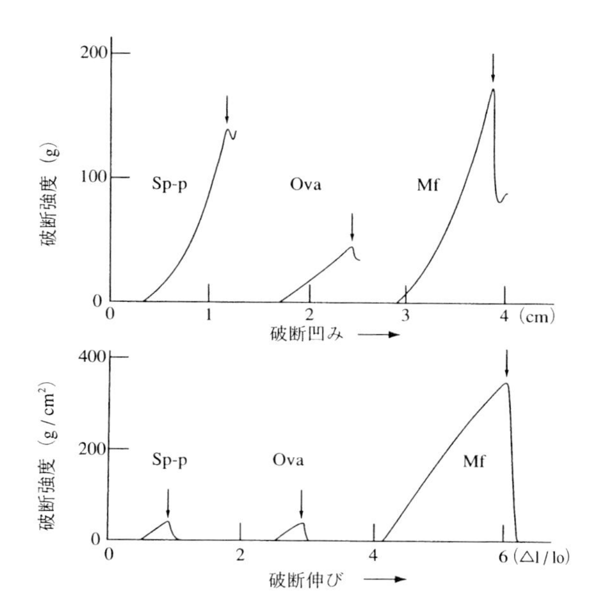

図 6·2　各種ゲルの押し込みおよび引っ張り破断曲線
Sp-p，筋形質タンパク質ゲル；Ova，卵製アルブミンゲル；Mf，筋原繊維タンパク質ゲル

押し込み試験によると Sp-P ゲルは Mf-P ゲルに匹敵するジェリー強度を示し，卵製アルブミンゲルよりも強いゲルを形成したが，引っ張り試験に供した場合，Mf-P ゲルは押し込み試験同様に高いゲル強度を示すが，Sp-P ゲルおよび卵製アルブミンゲルは引っ張りに対しては非常に脆く，Mf-P ゲルの約 40 分の 1 の強度しか示さなかった（図 6･2）．以上の結果から，Sp-P ゲルは押し込みに対して非常に強いが，引っ張りに対しては弱く，押し込みおよび引っ張りの両方に強い抵抗を示す Mf-P ゲルとは異なる特異な物性のゲルを形成することが明らかとなった．

次に Sp-P のゲル形成に及ぼす pH および NaCl の影響について調べた．Sp-P ゲルのジェリー強度は pH7 から 9 の間で最大となり，pH6 以下ではゲルのジェリー強度は非常に低くなり，離水が激しく起こった．pH9 以上でもジェリー強度は低下した．西岡・志水[8]はマサバ，マアジ，ニベの Sp-P は pH5.2を中心とする pH4.5 から 6.5 の領域で等電点沈殿すると報告していることから，この pH 領域での Sp-P ゲルのジェリー強度の低下は，正味の電荷が少なくタンパク質分子の脱水凝集が容易に起こり，ゲルの構造が十分に発達しなかったことによるものと考えられる．また，pH9 以上でのゲルのジェリー強度の低下は，pH の上昇にともないタンパク質のもつ負の電荷が多くなり，これが静電気的反発力となって，タンパク質分子間の結合力を弱めたためであると考えられる．

Sp-P 溶液に 0％から 10％の NaCl を加えた時，添加量の増加とともにゲルのジェリー強度は上昇し，2.5％添加で最大強度が得られ，無添加ゲルの約 1.8 倍（177g･cm）になった．この NaCl 添加によるゲル補強効果は，タンパク質の表面電荷におけるアニオンの選択的吸着[8]により，実効電荷が増すことで保水性が増大することに起因するものと考えられる．一方，NaCl 濃度が 5％以上になると逆にジェリー強度は低下した．これは多量の塩イオンによって逆に水分子が奪われ，保水性が低下し，ゲルが脆くなったためであると考えられる．

魚肉のゲル形成能に魚種間差が存在することはよく知られている．また，魚種によって，魚肉中の Sp-P 含量および組成が異なることが知られているが，Sp-P 自身のゲル形成能にも魚種間差があるかは不明である．そこで，8 魚種の Sp-P 溶液を同一タンパク質濃度（水分 85％）に濃縮した後，加熱ゲルを調製し，その強度を比較した[9]．

Sp-P ゲルの強度は魚種によって異なっており，カツオ Sp-P ゲルの強度が最も高く，次いでニジマス，マダイ，マサバ，マイワシ，ティラピア，コイ，ゲンゴロウブナの順であった．また，Sp-P ゲルは，その強度が高く，密で堅いゲルを作るカツオ，マダイ，ニジマス（H グループ），強度が低く，軟らかく，離水の多いゲルを作るコイ，ゲンゴロウブナ，ティラピア（L グループ），および M グループ）の 3 つのグループに分けることができた．Sp-P の熱凝固率とゲルの強度との関係を見るとゲル強度の高い H グループでは熱凝固率が高く，ゲル強度の低い L グループでは熱凝固率が低かった．そこで Sp-P のゲル強度と Sp-P の熱凝固率の相関について調べたところ，高い正の相関（相関係数 0.82）が認められたことから，Sp-P の熱凝固率はゲルの強度に影響を与える要因の 1つであることが明らかとなった．次に Sp-P の成分組成とゲル強度の関係を調べるために 8 魚種の Sp-P の SDS-10%PAGE を行い，デンシトメーターを用いて SDS-PAGE 像上に共通して認められる各成分の相対含量を求め，Sp-P ゲルの強度との相関を検討した．カツオ，マダイ，ニジマス，マサバ，マイワシの Sp-P の主成分の一つである 94 k 成分および 40 k 成分と Sp-P ゲルの強度の間に高い正の相関が認められた．また，各魚種の Sp-P の 26 k 成分とゲルの強度の間にも高い正の相関が認められた．しかし，他の成分と Sp-P ゲルの強度の間に相関は認められなかった．

以上の結果から，Sp-P ゲルの強度に見られる魚種間差は，Sp-P の加熱凝固性成分含量，特に 94 k 成分，40 k 成分および 26 k 成分の含量の差に起因することが分かった．魚肉のゲル形成能に魚種間差があることはよく知られているが，Sp-P 自身のゲル形成能にも魚種間差があること，並びに Sp-P が加熱時に Mf-P に作用すること [10] から考えて Sp-P 自身のゲル形成能が魚肉のゲル形成能の魚種間差に影響している可能性がある．また，魚肉を加熱凝固させたとき，一般に赤身の魚の肉は堅くなるが，白身の魚の肉は堅くならず筋繊維がばらばらになりやすいのは，熱凝固する際，強い接着力を示す Sp-P の含量が赤身の魚に多く，白身の魚に少ないためであると考えられている [11, 12]．しかし，加熱したときに堅くなるカツオ Sp-P のゲルが，同一タンパク質濃度の他魚種の Sp-Pゲルに比べて異常に強いゲルを形成したことから，Sp-P の含量の差ばかりでなく，それ自身のゲルの物性も加熱魚肉のテクスチャーに影響していることが考えられる．

§3．アクトミオシンへの作用

志水ら[10]は，マアジのアクトミオシン（AM）と Sp-P が熱変性の際に干渉し合うことを報告した．この点について Sp-P のどの成分が AM と相互作用するかを詳しく知るために AM 共存下でのマサバ Sp-P の熱凝固特性を SDS-PAGE 像により検討した．AM 溶液（4 mg / m*l*），Sp-P 溶液（2 mg / m*l*），両者の混合溶液（AM 濃度 4 mg / m*l*，Sp-P 濃度 2 mg / m*l*）および AM とあらかじめ 80℃で加熱変性させた Sp-P の混合溶液（AM 濃度 4 mg / m*l*，Sp-P 濃度 2 mg / m*l*）の各加熱温度での上清中のタンパク質の残存率を調べた[13]（図 6･3）．なおこの場合，すべての溶液のイオン強度を 0.7，pH を 6.8 に調節した．

AM 溶液は 40℃から一部に凝集沈殿が見られた．しかし，50℃以上の温度域ではそれ以上の凝集は見られず，50℃から 80℃での上清中のタンパク質の残存率は約 80％であった．Sp-P 溶液の場合，40℃から凝固が始まり，50℃で

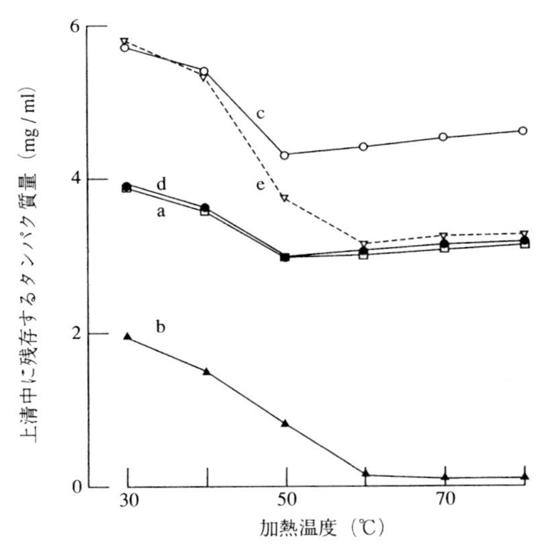

図 6･3　マサバ Sp-P

A, a：アクトミオシン（AM）溶液；B, b：Sp-P 溶液；C, c：

溶液；e：a, b の熱凝固曲線から計算により求めた AM-Sp-P 混

約半分のSp-Pが凝固沈殿し，70℃でほぼ凝固が完了した．80℃でのSp-Pの残存率は約5%であった．このようにAMは大部分が上清に残り，一方，Sp-Pは大部分が凝固沈殿した．AM-Sp-P混合溶液の場合，AM単独溶液と非常によく似た熱凝固パターンを示した．すなわち，40℃付近から一部に凝集沈殿が見られたが，50℃以上の温度域ではそれ以上の凝集はほとんど見られず，80℃での残存率は約77 %であった．この場合，AM溶液とSp-P溶液のそれぞれの凝固曲線から計算により求めた混合溶液の凝固曲線に比べて，実際の混合溶液中のタンパク質残存率はかなり高くなった．この結果から，単独では加熱により凝固沈殿するSp-PがAMに作用して，AMとともに上清中に残存したも

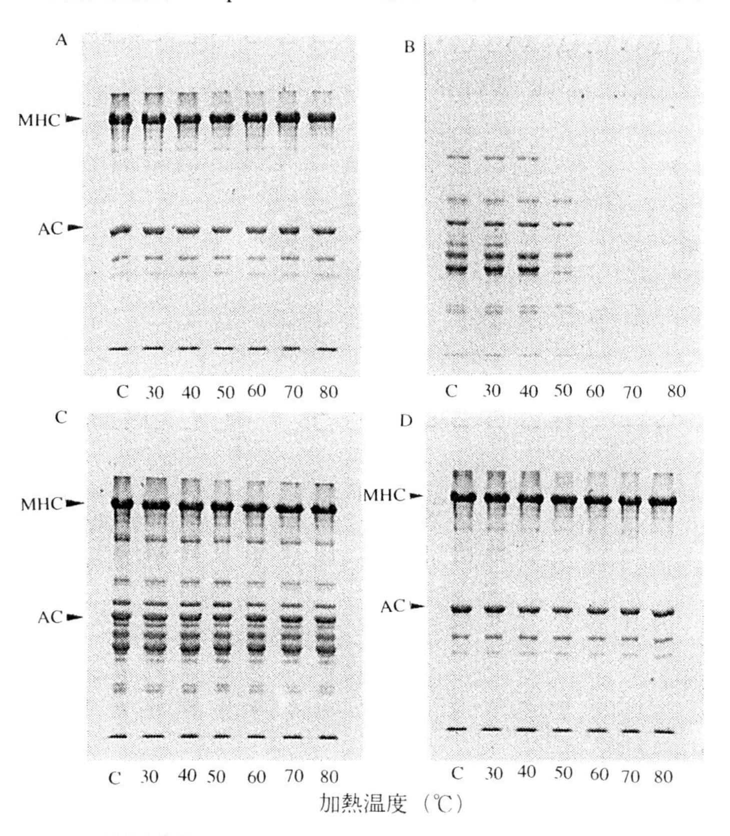

のAMに対する作用
AMとSp-Pの混合溶液；D, d：AMとあらかじめ加熱変性させたSp-Pの混合
合溶液の熱凝固曲線．MHC，ミオシン重鎖；AC，アクチン．

のと考えられる．一方，80℃であらかじめ加熱変性させたSp-PとAMの混合溶液の場合，30℃での残存率がすでに約60%と低く，40℃から50℃にかけて残存率は若干減少するが，その後はほぼ一定となり，80℃での残存率は約50%であった．この値は計算により求めた混合溶液の凝固曲線とほぼ一致することから，加熱変性させたSp-PとAMの間には相互作用がないと推察した．さらに，各上清中のタンパク質組成をSDS-PAGEを用いて検討した．AM溶液は加熱温度が上昇してもその組成には，未加熱のものとほとんど差が認められなかったが，Sp-P溶液は加熱に伴って各成分が凝固沈殿し，70℃加熱上清のSDS-PAGE像上には，低分子成分以外の成分は認められなかった．この結果は，Sp-Pの加熱に伴う残存率の低下と一致していた．また，AM-Sp-P混合溶液の場合，AM溶液と同様，加熱温度が上昇してもその組成には未加熱のものとほとんど差がなく，上清中にSp-Pが残存していることが確認された．また，AMとSp-Pの間の相互作用は，Sp-Pの特定の成分ではなく，熱凝固性成分すべてに起因していた．畜肉加工品についての基礎的研究として，筋肉タンパク質と大豆タンパク質の間や筋肉タンパク質とフィブリノーゲンの間での加熱に伴う相互作用についての報告がある[14~18]．山本ら[14]およびKing[15]は，筋肉タンパク質と大豆タンパク質の間に加熱に伴う相互作用が存在することを確認している．一般に加熱に伴うタンパク質分子間の相互作用には，SS結合などの共有結合や疎水性相互作用，水素結合，塩結合などの非共有結合が関与すると考えられている[19~21]．山本ら[14]は筋肉タンパク質と大豆タンパク質の間の相互作用にSS結合は寄与しないと報告している．そこでAMとSp-Pの間のSS結合による相互作用を調べるため，SH基修飾剤であるN-エチルマレイミド（NEM）添加の影響を調べたところ，NEMを添加してもAMとSp-Pの熱凝固曲線のパターンは影響されなかった．このことからSS結合の形成は，Mf-PとSp-Pの間の凝集反応に必須ではないものと推察した．一方，卵白，大豆タンパク質のような熱不可逆性のゲルの場合，そのゲル化には疎水性相互作用が密接に関与していると考えられている[21, 22]．Sp-Pもあらかじめ加熱するとAMに対する凝集能を失うことから考えて，加熱に伴うSp-PのAMへの凝集には疎水性相互作用が大きく関与することが示唆された．

§4. 魚肉ゲル補強効果

Sp-P の溶出性が溶媒のイオン強度により異なること[2, 23]を利用してマサバ普通肉から組成の異なる 3 種の Sp-P 画分を調製し，各 Sp-P 画分のゲル補強効果を比較し，その効果が Sp-P の SDS-PAGE 像上に認められるどの成分に起因するのかを検討した[24]．3 種類の Sp-P 画分は，リン酸緩衝液（I＝0.05）に溶出する画分（W-SF），脱イオン水（I＝0）に溶出する画分（DW-SF），脱イオン水（I＝0）では溶出しないが，リン酸緩衝液（I＝0.05）に溶出する画分（SS-SF）である．DW-SF では W-SF に比べて 55 k 成分，43 k 成分，25 k が多く認められた．一方，SS-SF では W-SF に比べて 94 k 成分，64 k 成分，63 k 成分，40 k 成分が多く認められた．

これら各 Sp-P 画分を添加した筋原繊維ゲルの強度を比較すると，SS-SF 添加ゲルの強度は 150 g·cm と最も高く，次いで W-SF 添加ゲルの 103g·cm，DW-SF 添加ゲルの 88 g·cm の順であった．一方，各 Sp-P 画分をあらかじめ 90℃で 10 分間加熱変性させてから添加すると W-SF 添加ゲルおよび SS-SF 添加ゲルの強度はそれぞれ 76 g·cm，83 g·cm となり，大きく低下し，また DW-SF 添加ゲルの強度も 77 g·cm となり，若干低下していた．このことから各 Sp-P 画分とも加熱により補強効果を失うことが分かった．次に各 Sp-P 画分の熱凝固率について調べたところ，SS-SF が 98.3％と最も高く，ついで W-SF の95.8％，DW-SF の 90.8％の順となった．ここで各 Sp-P 添加ゲルの強度と各 Sp-P の熱凝固率の相関を調べたところ，両者の間には正の相関関係（相関

表6·1 マサバ Sp-P の添加効果とその成分組成との関係

	ジェリー強度 (g·cm)	各成分の相対含有量（％） 94k	65k	64k	63k	55k	43k	40k	35k	33k	26k	25k
W-SF	103±7 (76±6)	7.9	1.0	5.6	1.5	13.1	10.6	23.1	19.1	3.4	3.0	3.5
DW-SF	88±7 (77±7)	3.1	2.8	1.5	1.8	21.0	20.0	13.4	4.9	6.3	2.4	6.2
SS-SF	150±17 (83±13)	14.0	0.0	11.7	2.7	6.6	4.1	39.5	9.8	3.6	0.0	0.0
相関係数		0.92	−0.85	0.93	0.84	−0.89	−0.87	0.93	0.58	−0.61	−0.86	−0.92

*，括弧内の数値は，各 Sp-P 画分をあらかじめ 90℃で加熱変性させた後，添加したときのジェリー強度を示す．

係数 0.90）が認められたことから，各 Sp-P 画分の補強効果の差は Sp-P の熱凝固性のタンパク質の含量の差によるものと考えられた．

次に各 Sp-P 画分の SDS-PAGE 像から構成成分の相対含量をデンシトメーターで測定し，各成分の相対含量と添加ゲルの強度の相関を求めた．表 6･1 に示したように SS-SF に多く含まれる 94 k 成分が相関係数 0.92，64 k 成分が相関係数 0.94，40 k 成分が相関係数 0.93 と高い正の相関を示し，他の多くの成分は，負の相関を示した．しかし，いずれの Sp-P も未変性 Sp-P 添加ゲルの強度が加熱変性 Sp-P 添加ゲルの強度より高くなったことおよび加熱変性 Sp-P は Mf-P と結合しないことから，負の相関を示した成分はゲル形成に対して補強的に働いていないが，阻害もしていないと判断した．

以上の結果から Sp-P の筋原繊維ゲル補強効果は，その熱凝固性成分，特に 94 k 成分，64 k 成分および 40 k 成分に起因することが示唆された．

ここまで Sp-P 構成成分は SDS-PAGE 像上に認められる見掛けの分子量で呼んできた．これら Sp-P の未変性状態での分子量については，哺乳類や鳥類の Sp-P では広く調べられている[25, 26]．一方，魚類の Sp-P では中川[3]がマダイ，マサバ，コイの Sp-P に関して 49～51 k 成分がエノラーゼ（分子量 93,000～95,000），43 k 成分がクレアチンキナーゼ（分子量 86,000），40 k 成分がアルドラーゼ（分子量 160,000），35 k 成分がグリセルアルデヒド-3-リン酸脱水素酵素（分子量 140,000）であると報告しているが，他の成分については不明である．そこでセファデックス G-200 によるゲルろ過から，Sp-P 構成成分の未変性状態での分子量を推定したところ，94 k 成分，64 k 成分および 40 k 成分の分子量は，いずれも 15 万以上の高分子であることが認められた．

§5．無晒肉および晒肉加熱ゲルの物性と微細構造の比較

トビウオおよびイトヨリダイ背肉の一定量から最終量が同じになるように調製した無晒肉および晒肉 80℃加熱ゲルの物性を比較した．（図 6･4）トビウオでは，無晒肉ゲルのゲル強度が晒肉ゲルより高かったが，イトヨリダイでは，無晒肉および晒肉ゲルのゲル強度に差はなかった．また，破断強度と破断伸びの比（硬さ）は，いずれの魚も無晒肉ゲルの方が晒肉ゲルより高かった．このことから，Sp-P は，魚肉ゲルの強度，特に“硬さ”の食感に寄与することが示

唆された．また，両魚の晒肉ゲルの強度には差が見られないが，無晒肉ではトビウオの方がイトヨリダイに比べてゲル強度が高かったのは，§2 で述べた Sp-P の魚種間差よるものと考えられた．

両魚の加熱ゲルの未還元および還元試料の SDS-PAGE 像を比較したところ，未還元試料のパターンが両魚で大きく異なっており，トビウオでは，イトヨリダイに比べて SS 結合が多く形成されていた．このことは，両魚の加熱ゲルにおいて SS 結合の形成力が大きく異なることを示すものと考えられ，両魚の無晒肉の加熱ゲル強度の差に SS 結合が関与する可能性も考えられ，非常に興味深い．

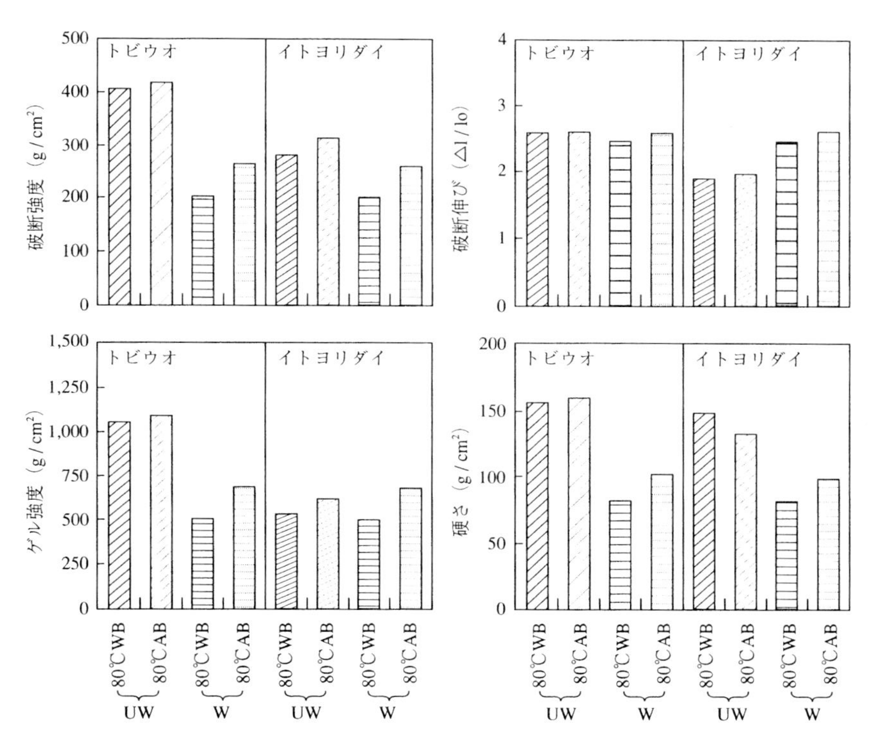

図 6·4　トビウオおよびイトヨリダイ肉加熱ゲルの物性
UW，無晒肉加熱ゲル；W，晒肉加熱ゲル．
80℃WB，恒温水槽中で 80℃20分間加熱；
80℃AB，送風式乾燥機中で80℃60分間加熱．
△l / lo，引っ張りによる伸び（cm）÷もとの長さ（cm）．

最近，筆者らは生物試料を前処理しないで試料室を低真空にし，また試料台を冷却することで試料表面の微細構造が，観察可能な低真空走査型電子顕微鏡（N-SEM）を用いてスケトウダラ塩すり身の微細構造を観察し，N-SEM がかまぼこの微細構造観察に有効な手段となることを報告した[27]．そこで両魚の加熱ゲルの N-SEM 観察によるゲルの微細構造の比較を行った．その結果，トビウオ無晒肉および晒肉ゲルで網状構造が認められ，無晒肉ゲルは晒肉ゲルに比べて細かく太い網状構造を形成していた．一方，イトヨリダイでは，無晒肉および晒肉加熱ゲルともに，N-SEM 観察は全体的に滑らかで，網状構造は認められなかった*.

§6．むすび

以上のように，Sp-P は必ずしも魚肉のゲル形成を阻害せず，むしろ補強的に作用することが示唆されたが，このことは，現在かまぼこ製造において必須の工程と考えられている水晒しによる水溶性成分の除去が不要であるということを意味するものではないと思われる．なぜなら，魚肉の水溶性成分には，Mf-P を分解するプロテアーゼなども含まれる場合もあり[28~32]，単純に水晒しせずに Sp-P を残すと魚肉ゲルの物性が強くなるというわけではなく，また，足形成の弱い魚や鮮度低下した魚を原料として利用する場合，水晒しにより足形成を担う Mf-P 濃度を向上させることで利用可能となる場合もある．しかし，エソやトビウオのように足形成の強い魚を利用した結果，水晒しをしなくても物性の高い製品ができることから，これらの魚種では，水晒しはゲル強度の向上に必ずしも寄与せず，ゲル物性の質の改変に寄与するものと考えられる．現在，かまぼこの製造工程において水晒しは，魚種や魚の鮮度にかかわらず，必須の工程と考えられているが，今回の結果およびかまぼこが本来，無晒しで製造されていたこと[33]を考えあわせると，ねり製品製造工程における水晒しの意義については，使用する魚種，魚の状態などに応じて見直す必要があるものと考えられる．

---

* 森岡克司・久保田　賢・伊藤慶明：加熱履歴の異なるトビウオ肉加熱ゲルの物性およびN-SEM像の比較．平成 13 年度日本水産学会春季大会講演要旨集，p.178（2001）．

文　献

1）志水　寛：かまぼこ形成能，魚肉ねり製品一研究と技術（志水　寛編），恒星社厚生閣，東京，1984，pp.9-24.

2）志水　寛・柄多　哲・西岡不二男：日水誌，49，1025-1031（1976）.

3）小畠　渥：筋形質タンパク質．魚肉タンパク質（日本水産学会編），恒星社厚生閣，東京，1977，pp.43-58.

4）中川孝之：解糖系酵素．水産動物タンパク質の比較生化学（新井健一編），恒星社厚生閣，東京，1989，pp.100-107.

5）森岡克司・志水　寛：日水誌，56，929-933（1990）.

6）志水　寛・西岡不二男：同誌，40，231-234（1974）.

7）森岡克司・倉島健司・志水　寛：日水誌，58，767-772，1992.

8）西岡不二男，志水　寛：同誌，45，1557-1561（1979）.

9）K. Morioka and Y. Shimizu : *Nippon Suisan Gakkaishi*, 59, 1631（1993）.

10）志水　寛・西岡不二男：日水誌，40，231-234（1974）.

11）高橋豊雄：ニューフードインダストリー，2，38-48（1960）.

12）K. Hatae, F. Yoshimatsu, and J. Matsumoto : *J. Food Sci.*, 55, 693-696（1990）.

13）森岡克司・志水　寛：日水誌，58，1529-1533（1992）.

14）山本克博・深沢利行・安井　勉：北海道大学農学部邦文紀要，9，116-126（1973）.

15）N. L. King : *J. Agric. Food Chem.*, 25, 166-171（1977）.

16）I. C. Peng, W. R. Dayton, D. W. Quass, and C. E. Allen : *J.Food Sci.*, 47, 1976-1983（1982）.

17）I. C. Peng, W. R. Dayton, D. W. Quass, and C. E. Allen : *ibid.*, 47,1984-1990（1982）.

18）E. A. Foegeding, W. R, Dayton, and C. E. Allen : *ibid.*, 51, 109-112（1989）.

19）K.Shimada and S. Matsushita : *J. Agric. Food Chem.*, 28, 409-412（1980）.

20）C. Y. Ma and J. Holme : *J. Food Sci.*, 47, 1454-1459（1982）.

21）P. W. Gossett, S. S. H. Rizvi, and R. C. Baker : *Food Technology*, 38, 67-74（1984）.

22）E. Niwa, T.T.Wang, S.Kanoh, and T. Nakayama : *Nippon Suisan Gakkaishi*, 54, 841-844（1988）.

23）T. Nakagawa and F. Nagayama : *ibid.*, 54, 1971-1974（1988）.

24）K. Morioka, T. Nishimura, A. Obatake and Y.Shimizu: *Fisheries Sci.*, 63, 111-114（1997）.

25）R. K. Scopes and I. F. Penny : *Biochim. Biophys. Acta*, 236, 409-415（1971）.

26）D. W. Darnall and I. M. Klotz : *Arch. Biochem. Biophys.*, 166, 651-682（1975）.

27）S.Kubota, Y.Tamura, K. Morioka and Y. Itoh : *J. Food Sci.*（投稿中）

28）牧之段保夫・山本正男・清水　亘：日水誌，29，776-780（1963）.

29）牧之段保夫・天野　肇・清水　亘：同誌，29，1092-1096（1963）.

30）H.Toyohara, M.Kinoshita, and Y.Shimizu: *J. Food Sci.*, 55, 259-260（1990）.

31）M.Kinoshita, T.Toyohara, and Y.Shimizu: *J.Biochem.*, 107, 587-591（1990）.

32）M.Kinoshita, T.Toyohara, and Y. Shimizu: *Nippon Suisan Gakkaishi*, 56, 1485-1492（1990）.

33）志水　寛：伝統食品の研究，1，3-12（1984）.

7．コラーゲンの性状とゲル形成

水　田　尚　志*

魚肉に内在するすじ（以下，結合組織）は魚肉ゲルのテクスチャーに対して不均一感を与える点や結合組織の主要タンパク質であるコラーゲンがゲル形成のための必須の成分ではないという点などから，すり身，あるいはねり製品の製造現場では，結合組織を除去することに重点が置かれてきた．そのためゲル形成あるいはその物性発現に対するコラーゲンの役割に関しては未だ系統的な知見に乏しい状況にある．一方，ねり製品製造業者の中にはかまぼこ製造過程の中で結合組織の除去をほとんど行わない方法を採用するところもある．また，サメ類の肉は主にねり製品の原料として用いられるが，魚肉採取機による採肉後の残滓（「すじ」といわれ，コラーゲンを豊富に含む画分）を原料とするねり製品は同じく「すじ」と称され，東京の特産物となっている．「すじ」のテクスチャーはそのままでは硬いが，加熱するとゼラチンが再び可溶化するため独特の歯ざわりを出し，主におでん種として賞味されるという[1]．これらの背景から，筆者らは最近魚肉ゲルの物性発現に対する筋肉内在性のコラーゲンの機能に関する研究に着手した．コイ普通筋から調製した結合組織を中性緩衝液に懸濁させ，加熱処理に供するとコラーゲンは40～50℃付近から変性に伴って急激に溶解し始める[2]．また，近年，コラーゲンは種々の水産動物の生肉の物性発現に大きく寄与するタンパク質として注目されてきており，魚肉や甲殻類肉の低温貯蔵過程における肉質の軟化は，ある種のコラーゲン分子種の性状変化に起因することが報告されている[3~5]．コラーゲンは魚肉のゲル形成に直接関与する成分ではないが，このように魚肉ゲルを調製するための重要な工程である貯蔵や加熱処理など，種々の要因によって性状変化を起こすため，魚肉ゲルの物性に影響を与える重要な一因子であると考えられる．本章では，魚肉ゲルを調製する過程におけるコラーゲンの変化や結合組織中のコラーゲンの熱安定性などに関する筆者らの結果を中心に紹介する．

* 福井県立大学生物資源学部

§1. 魚肉ゲルの各調製段階における結合組織の分布

魚肉内には筋隔膜，筋周膜および筋内膜と呼ばれる結合組織が存在する．筋隔膜は筋節と筋節の間を隔てる膜であり，筋周膜および筋内膜は筋繊維束および筋繊維をそれぞれ取り巻く結合組織である．コラーゲンはこれらの中に繊維として存在している．かまぼこは通常，採肉，水晒し，ミンチ（肉挽き），擂

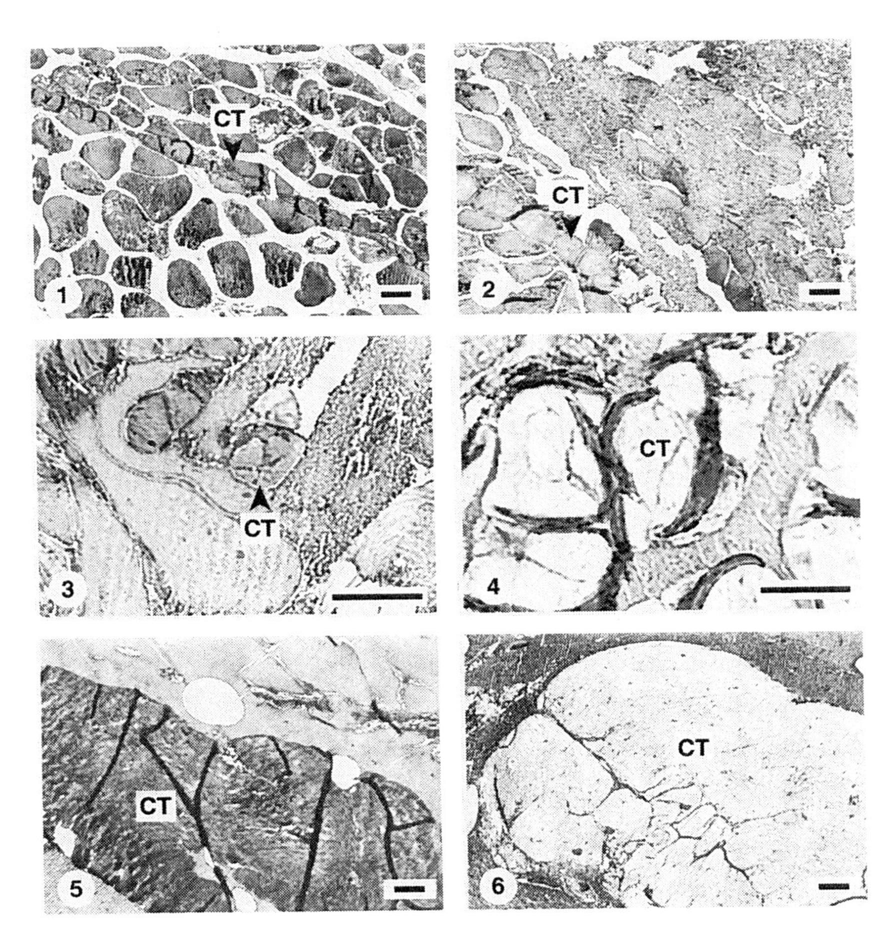

図7·1　ホシザメ加熱ゲルの各調製段階における試料の光学顕微鏡観察像（アザン染色）．
1：原料肉，2：落とし身，3：ミンチ肉，4：塩ずり身，5：坐りゲル，6：加熱ゲル，
CT：結合組織．スケール＝50 μm（水田ら：未発表）．

潰，成型，加熱（一次および二次）の過程を経て製造されることが多い．まず，筆者らはゲルの各調製段階における結合組織の分布および状態の観察を試みた．図 7·1 は，ホシザメ肉について各調製段階（原料肉，落し身，ミンチ肉，塩ずり身，坐りゲル，加熱ゲル）にある試料をブアン固定後，パラフィン切片とし，光学顕微鏡観察を行った結果である．観察したすべての段階でコラーゲンを含む結合組織は様々なサイズの不定形粒子として散在していることが分かった．塩ずり身ではミンチ肉までの各段階に比べ結合組織がやや膨潤していたが，これは擂潰することによって結合組織の性状に変化が起こることを示唆する．後述（§4）するように，ニジマス筋肉から調製した結合組織を中性（pH 7.2），3％塩化ナトリウム（NaCl）存在下でホモジナイズすることにより，結合組織からコラーゲンの一部が溶出することを示唆する実験結果を得ている．ホシザメでも擂潰の段階で結合組織からコラーゲンの一部が溶出している可能性があり，これが結合組織の形態的変化と関連しているかもしれない．一次加熱（30℃，60 分）では，塩ずり身とそれほどの相違は認められなかったが，わずかな収縮が起こっている部分も認められた．二次加熱（90℃，30 分）後の試料ではゼラチン化によると考えられる結合組織の顕著な収縮，崩壊が観察された．ホシザメの他キダイおよびアカカマスについても同様に観察を行ったが，類似した結果が得られた．このように擂潰の過程で若干のコラーゲンの溶解が起こる可能性があるものの，観察したすべての段階において決して均一に分散するのではなく，ほぼ結合組織の形態をとどめたまま不均一に分布していることが明らかになった．

§2．結合組織の分画とゲルの物性

実際のかまぼこ製造工程では，擂潰後に裏ごし操作が行われることが多く，この操作によってすり身中に含まれる結合組織の多くが分画除去されるため，比較的均質な塩ずり身となる．筆者らはこのような裏ごし操作（以下，分画）を行うことによって加熱ゲルの物性にどのような影響が及ぶかに着目し，アカカマス，キダイ，ホシザメの 3 魚種について，篩を用いる分画により含まれる結合組織のサイズや量が異なる加熱ゲルの調製を試みた．ただ，上にも述べたとおり，塩ずり身の段階では結合組織に含まれるコラーゲンの一部が溶解している可能性があるため，図 7･2 に示すようにミンチ肉の段階でメッシュサイズ 0.5 mm の JIS 規格標準篩を用いて分画を行った．分画はメッシュ上に残存した画分（A）とメッシュを通過した画分（C）の重量比が約 1：1 となるまで行い，対照試料（分画操作に供しなかったもの）を画分 B とした．画分 A と C は肉眼的な観察や光学顕微鏡観察において著しい相違が認められ，C は筋周膜や筋内膜に由来すると考えられる細かい結合組織の断片が含まれているものの比較的均質であったのに対し，A は筋隔膜と考えられる太い結合組織が多量に含まれていた．したがって，本分画によって主に筋隔膜は画分 A に濃縮されることが分かった．さらに，得られたミンチ肉のコラーゲン含有量を調べたところ，3 魚種すべてにおいてコラーゲン含有量は A ＞ B ＞ C の順となった（図 7･3）．アカカマスとキダイのミンチ肉はほぼ同レベルの値を示したが，筋肉中のコラーゲン含有量が他 2 魚種よりも高かったホシザメでは画分 A が C の約 25 倍のコラーゲン含有量を示し，他 2 魚種よりも差が顕著であった．上記 3 魚種について画分 A，B，C それぞれから調製した加熱ゲル A，B，C の破断強度，破断凹みおよび圧出液量を各ミンチ肉のコラーゲン含有量に対してプロットした（図 7･3）．加熱ゲルの破断強度では筋肉コラーゲン含有量が最も高かったホシザメで有意に A ＞ B ＞ C となったが，他の 2 魚種についてもコラーゲン含有量が増すにしたがって破断強度が高くなる傾向が見られた．また，圧出液量では逆に A ＜ B ＜ C となり，コラーゲンを豊富に含むほど保水性が高くなる傾向が認められた．しかし，破断凹みについては一定の傾向が認められなかった．これらの結果は，ミンチ肉中に存在する結合組織の平均サイズまたはコラーゲ

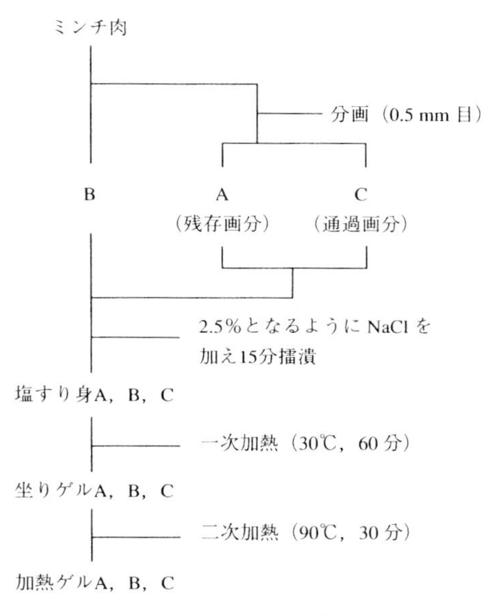

図 7･2　加熱ゲルの調製法の概要．

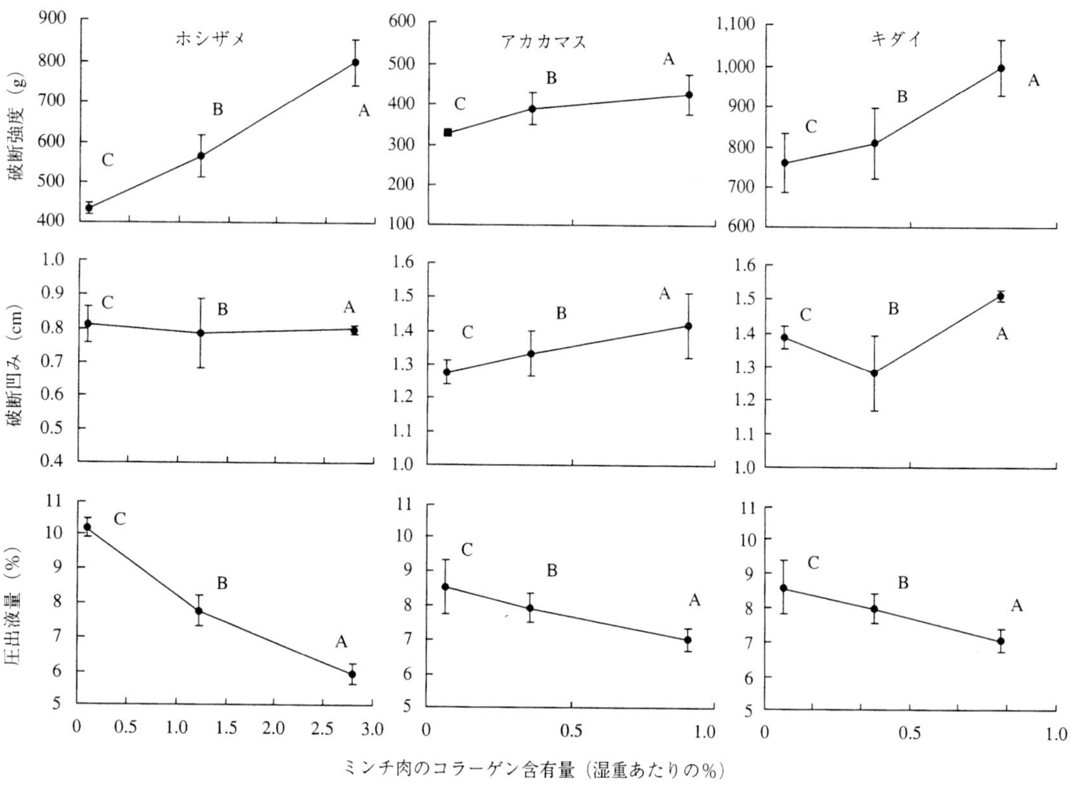

図7·3　各供試魚より調製した加熱ゲルの破断強度，破断凹み，および圧出液量とミンチ肉のコラーゲン含有量との関係．
A，B，およびC：それぞれ画分A，B，およびC（水田ら：未発表）．

ンの量が加熱ゲルの物性に影響を及ぼすことを示唆している．上記 3 魚種のほか数魚種でも予備的に検討を行ったところ，ほとんどの場合，画分 A は C に比べ高い破断強度を示したがアカカマスのように画分 A と C の間に顕著な破断強度の差が認められない場合や，逆に画分 A の方が低い破断強度を示す例もあり，必ずしも一定の傾向を示さなかった．含まれる結合組織の平均サイズやコラーゲン含有量のみならず，結合組織に含まれる他の成分の量や特性，原料の保蔵状態，熱安定性をはじめとするコラーゲンの特性の種間差など他の諸要因も密接に関係していると考えられるため，結合組織中のコラーゲンの機能を正確につかむには，これら諸条件が制御された実験系を構築する必要がある．

§3．結合組織のサイズとゲルの物性

前節でコラーゲンの含有量または結合組織のサイズがゲルの物性に及ぼす影響について述べたが，本節では結合組織のサイズの影響を明確にするため，あらかじめ希アルカリを用いる抽出法[6]によって結合組織を調製し，篩を用いてサイズ別に分画した後，市販スケトウダラすり身に添加することを試みた．本方法で用いる結合組織はアルカリ処理を加えているため本来の結合組織の構造が部分的に破壊されていると考えられる点，本来の結合組織が保有している非コラーゲン性成分の一部が除去されていると考えられる点など，筋肉内在性のものとは性状的に異なる可能性が高い．しかし，本方法はコラーゲン含有量が等しくなるように結合組織を添加することが可能であるため，サイズの影響をつかみやすいという

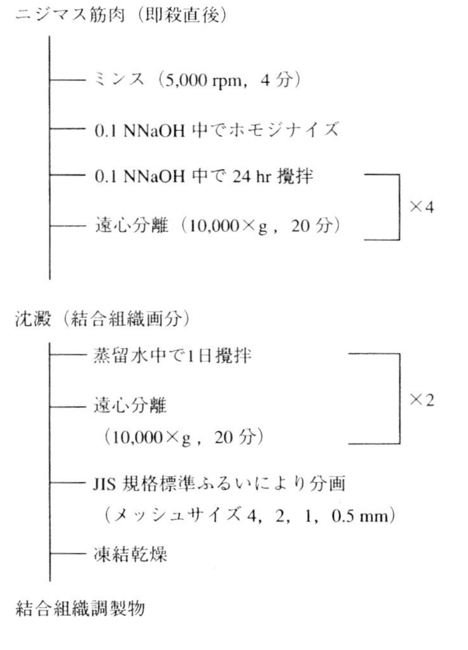

図 7･4　結合組織の調製法の概要．

利点がある．図 7·4 に示すように即殺直後のニジマスの普通肉を希アルカリ（0.1N 水酸化ナトリウム）中で一定条件下でホモジナイズし，その後アルカリ抽出に供することにより得られた結合組織をメッシュサイズ 4，2，1，0.5 mm の JIS 規格標準篩を用いて順次分画し，メッシュ上に残存した画分をそれぞれ a，b，c，d 画分とし，最後に 0.5 mm にて通過した画分をe画分とした．図 7·5

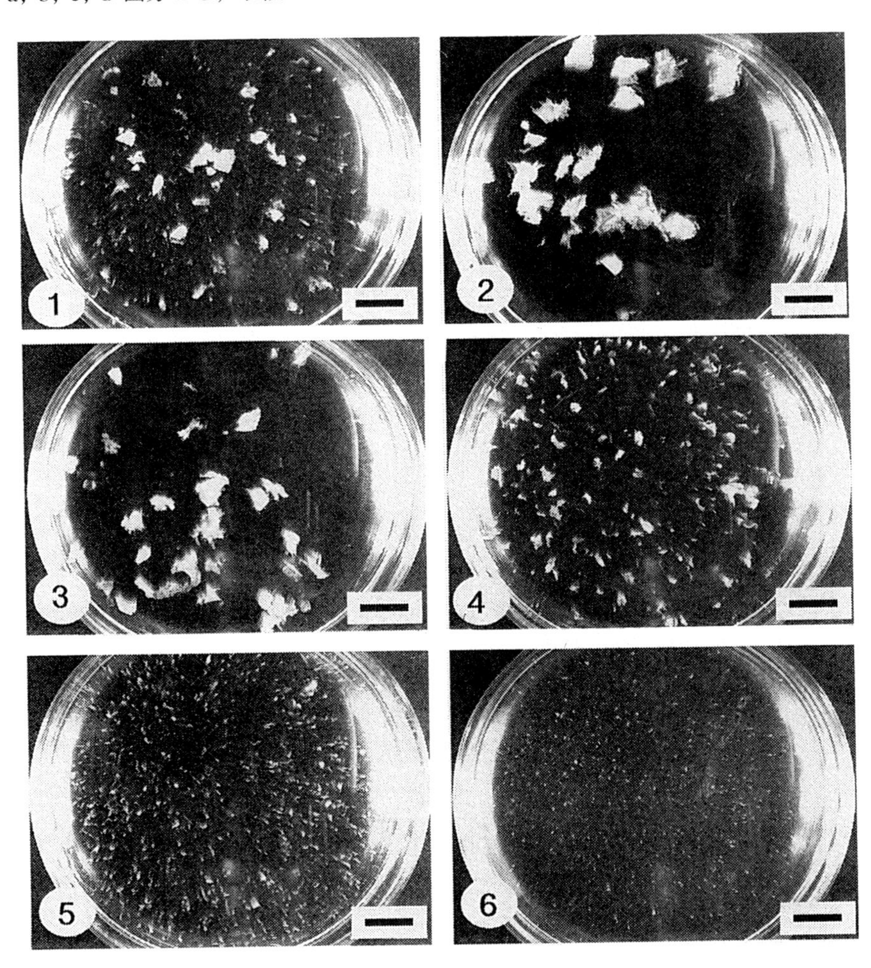

図 7·5　調製した結合組織の実体顕微鏡像．
1：未分画画分，2～6：画分 a，b，c，d およびe．スケール＝1cm（水田ら：未発表）．

は分画の結果得られた結合組織の写真であるが，ほぼ分画の際に用いたメッシュサイズに応じたサイズに分画されていることが分かる．図 7･6 はそれらをSDS-PAGE に供した結果であるが，画分 a～e のいずれの画分も典型的な I 型コラーゲンのパターンを示し，分子種の組成にほとんど差がないことが分かった．画分 a～e の量的な比率については，用いる魚体のサイズやその他の要因のため，同じ条件下でホモジナイズを行ってもばらつきが非常に大きいが，a と b を合わせて約 50～70%，c，d，e を合わせて約 30～50%程度であったので，スケトウダラ冷凍すり身に対する添加は a，b および c，d，e をそれぞれすべて混合した画分（以下，画分 ab および画分 cde）に分けて行った．画分 ab および画分 cde 添加区はどちらも水分が約 80%，コラーゲン含有量が約 0.8% となるように調整し，坐りゲル，加熱ゲルの両方について物性の測定を行った（図 7･7）．破断強度では坐りゲル，加熱ゲルともに画分 cde 添加区に比べ画分 ab 添加区の方が有意に高い値を示し，加熱ゲルにおいて 2 者間の差がより顕著になった．破断凹みでは坐りゲルでほとんど差が見られなかったが，加熱ゲル

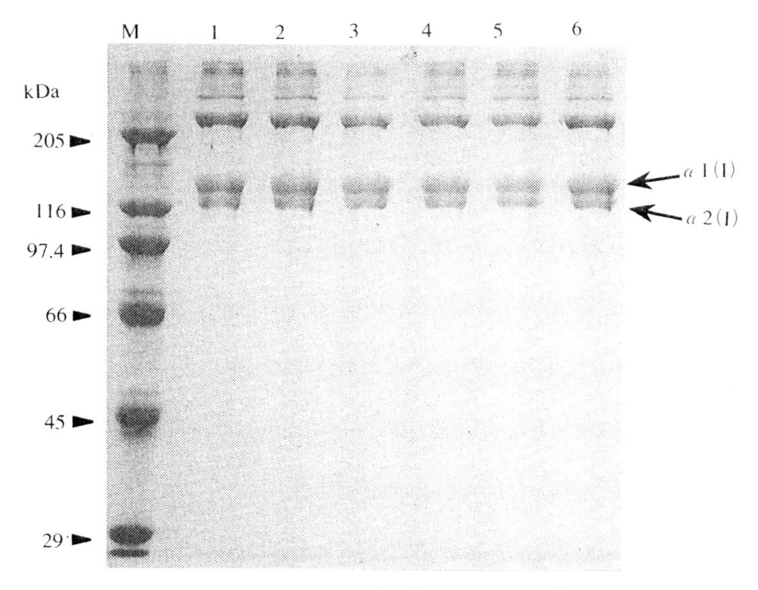

図 7･6　調製した結合組織の SDS-PAGE 像．
M：分子量マーカー，1：未分画画分，2-6：画分 a，b，c，d，および e（水田ら：未発表）．

で画分 ab 添加区の方が有意に高かった．これらの結果は，ゲル中に存在する結合組織のサイズがゲルの物性に何らかの影響を及ぼす要因の一つであることを示すものである．しかし，前節でも述べたように結合組織の特性には魚種間差が存在すると考えられるため，どの魚種の結合組織を加えるかによって現れる影響は異なってくるであろう．

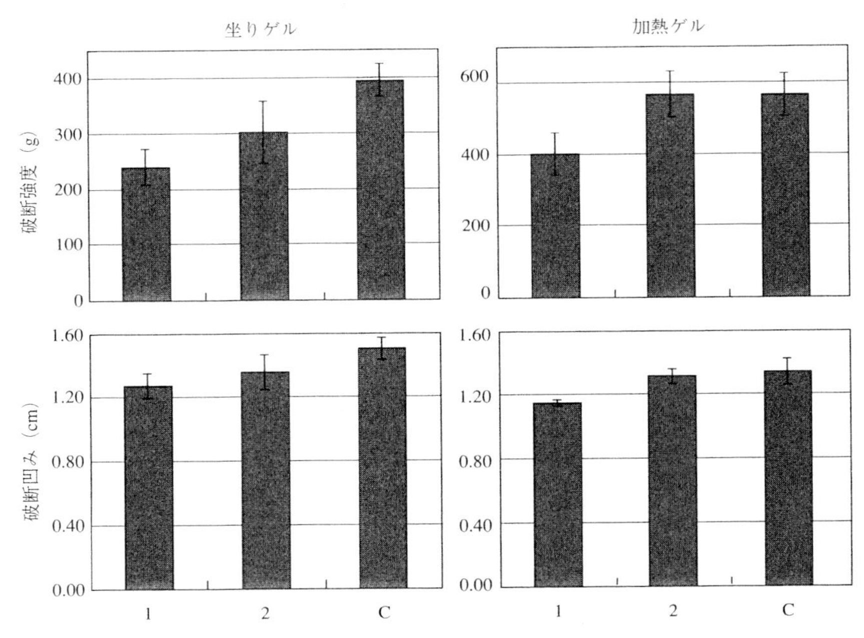

図7·7　画分 ab (2) および画分 cde (1) を市販スケトウダラ冷凍すり身（SA 級）に加えて調製した坐りゲルおよび加熱ゲルの破断強度および破断凹み（水分 80%，コラーゲン含有量 0.8%）．C：コントロール（水田ら：未発表）．

§4．ニジマスコラーゲンの熱安定性

前節で述べた現象の機構に関連して，ニジマス結合組織に含まれるコラーゲンの各種溶媒に対する挙動およびそれらの中での熱安定性の面から若干検討した．前節に記した方法にしたがってニジマスの結合組織をサイズ別に分画して得た画分 a と d，および未分画の対照試料について，20 mM リン酸ナトリウム緩衝液（pH 7.2），および 3% NaCl を含む同緩衝液に懸濁後，一定の条件下

でホモジナイズした後，熱安定性（プロテアーゼ耐性転移温度）の測定に供した．まず，熱安定性測定の前に，未分画の対照試料についてホモジナイズ後の試料の状態を位相差顕微鏡により観察し（図 7·8），さらに遠心分離後の上清中にコラーゲンが溶出しているかを Woessner の方法[7]により調べた．NaCl 未添加区では結合組織の形態が良好に維持されており，上清中にコラーゲンがほとんど検出されなかったのに対して，NaCl 添加区では結合組織の形態が非常に不明瞭となり，上清中にコラーゲンが検出された．図 7·9 にプロテアーゼ

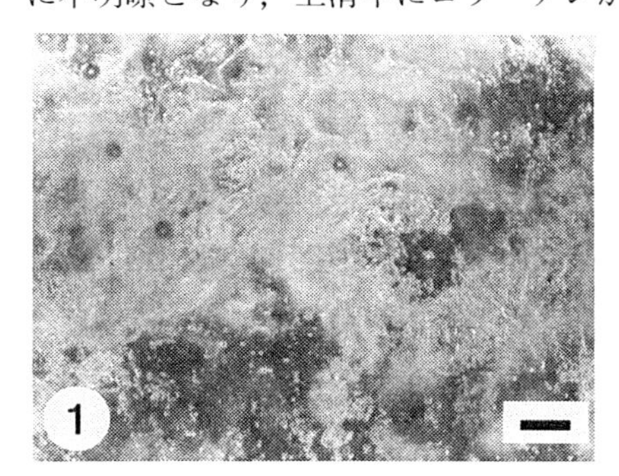

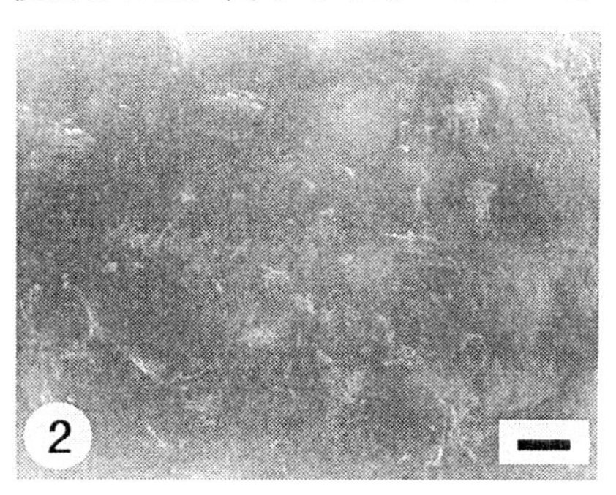

図7·8　20 mM リン酸ナトリウム緩衝液，pH7.2（1）および 3%塩化ナトリウムを含む同緩衝液（2）に懸濁後，ホモジナイズしたニジマス結合組織の位相差顕微鏡像．スケール＝300 μm（水田ら：未発表）．

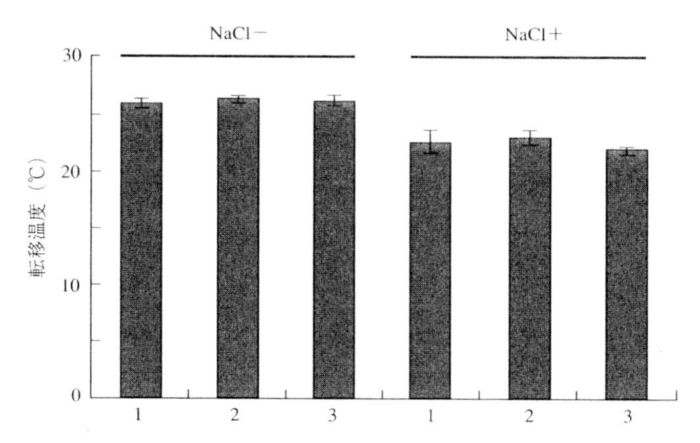

図7·9　20mM リン酸ナトリウム緩衝液，pH7.2（NaCl－）または 3%塩化ナトリウムを含む同緩衝液（NaCl＋）中でホモジナイズした結合組織に含まれるコラーゲンの熱安定性（プロテアーゼ耐性転移温度）．1：未分画画分，2：画分 a，3：画分 d，（水田ら：未発表）．

としてトリプシンを用い，これに対する耐性転移温度を測定した結果を示す．NaCl 未添加区では 26.2～26.6℃，NaCl 添加区では 22.1～23.2℃となり，それぞれ未分画，画分 a，画分 d の間で有意差は認められなかった．サイズ別に分画を行っても各画分に含まれるコラーゲン自体は本質的に同じものであり，さらにホモジナイズすることにより，粒子のサイズをほぼ同一にしているため，画分間で転移温度の差が見られなかったと考えられる．しかし，それぞれの画分について，NaCl 未添加区と NaCl 添加区を比較すると，いずれの場合も有意差が認められ，NaCl を添加することによって熱安定性が有意に低下することが判明した．これらの結果から，NaCl を加えることによって結合組織の構造にゆるみが生じる．またはコラーゲンの部分的な溶解が起きるために NaCl を加えない場合に比べ，プロテアーゼ耐性転移温度が低くなることが示唆された．緩衝液中と塩ずり身中とでは，条件が非常に異なるため測定された熱安定性がゲル調製においてもそのまま当てはまるとは考えにくいが，この結果は少なくとも一次加熱の温度帯（30℃）で結合組織の性状に変化が起きていることを示唆するものである．

§5. 今後の展望

魚肉の結合組織，またはその主成分であるコラーゲンが，ゲルの物性に対して影響を及ぼす一因子であることが明らかになった．しかし，これらの役割に関する研究はまだ緒についたばかりであり，様々な問題点も同時に明らかとなった．上述したように結合組織，あるいはコラーゲンの性質が魚種や貯蔵状態など様々なパラメータによって変化するため，それらの機能を解析するのは容易ではない．今後は特定の魚種から一定の条件で調製された結合組織の性質を精査することによって，ゲルの物性に対する影響およびそのメカニズムの解明を目指していきたいと考える．

文　献

1）柴　真：サメの利用と水産ねり製品，蒲鉾年鑑（かまぼこ新聞編），株式会社日本食品経済，1994，pp. 250-261.

2）S. Mizuta, R. Yoshinaka, M. Sato, and M. Sakaguchi: *Fisheries Sci.*, 61, 536-537 (1995).

3）K. Sato, C. Ohashi, K. Ohtsuki, and M. Kawabata : *J. Agric. Food Chem.*, 39,

1222-1225 (1991).
4) K. Sato, M. Ando, S. Kubota, K. Origasa, H. Kawase, H. Toyohara, M. Sakaguchi, T. Nakagawa, Y. Makinodan, K. Ohtsuki, and M. Kawabata : *J. Agric. Food Chem.*, **45**, 343-348 (1997).
5) S. Mizuta, R. Yoshinaka, M. Sato, and M. Sakaguchi : *Fisheries Sci.*, **63**, 784-793 (1997).
6) R. Yoshinaka, M. Sato, K. Sato, Y. Itoh, M. Hujita, and S. Ikeda : *Nippon Suisan Gakkaishi*, **51**, 1163-1168 (1985).
7) J. F. Woessner, Jr. : *Arch. Biochem. Biophys.*, **93**, 440-447 (1961).

Ⅲ．内在性酵素のゲル形成への関与

8．トランスグルタミナーゼ

関　伸夫*・埜澤尚範*

トランスグルタミナーゼ（TGase；EC 2.3.2.13）はタンパク質の Gln 残基と酵素基質複合体を形成した後にアミンを Gln 残基に共有結合させる反応およびタンパク質の Lys 残基との間に ε-（γ-Glu）Lys のイソペプチド結合を形成して架橋させる反応（transglutamination）を触媒する一群の酵素である．これらの反応では一分子のアンモニアが生成するので，アンモニウム塩はこれらの反応を阻害する．微生物から無脊椎動物，人間まで多くの生物およびあらゆる体組織/細胞に存在する．血漿 TGase は血液凝固の XIIIa 因子としてフィブリンの架橋重合を触媒し，表皮 TGase は皮膚の角質化に関わっている．また，前立腺に特異的な TGase も知られている．体組織/細胞には組織型 TGase が存在し，多様な生理機能－創傷治癒，細胞分化，細胞増殖，アポトーシス，免疫などに関わっている．

魚介類組織の TGase はスケトウダラねり製品の坐り因子として発見された経緯から，ねり製品の足増強剤としての関心が高いので，本章ではこの点を中心にして述べる．

§1．魚介類筋肉，すり身および微生物の TGase

魚類筋肉にはカルシウムイオン（Ca^{2+}）によって活性化される組織型 TGase が存在しているが，その生理機能については明らかにされていない．後述するようにミオシン重鎖を架橋するが，天然のミオシン分子中にイソペプチド結合は存在していないことから，ミオシンは生理的基質とは考えられないが，筋原繊維の形成時や筋肉の創傷時などには基質になる可能性が指摘されている．魚

* 北海道大学大学院水産科学研究科

介類のTGaseは関ら[1]によりスケトウダラ筋肉とすり身から始めて部分精製され，ねり製品の坐りに関与していることが推定された．この推定は木村ら[2]によるホキや塚正ら[3]によるイワシの坐り-かまぼこ中にε-（γ-Glu）Lys結合が存在することで確認された．コイ筋肉から精製されたTGaseは単一のポリペプチド鎖からなる分子量93 kのSH酵素で，～0.5 mMのCa^{2+}で最大に活性化される．酵素の熱安定性（Kd）はスケトウダラでは25℃で$6.03\times10^{-4}sec^{-1}$であるが，コイでは40℃で$5.18\times10^{-4}sec^{-1}$でコイの酵素の方が安定である．水産無脊椎動物の筋肉にも組織型TGaseが存在し，分子量はコイと同程度であるが，海産無脊椎動物のTGaseは環境即ち海水中のCa^{2+}とNaCl濃度で著しく活性化されることから，創傷治癒の機能が推定されている[4,5]．魚介類筋肉中のTGaseは水溶性の酵素であるが，基質になるタンパク質とは結合性があるので，筋原繊維やアクトミオシンから完全に除去するには洗浄を十分に行う必要がある．

放線菌由来の微生物TGase（MTGase）は分子量38 k，Ca^{2+}非依存性のSH酵素で，食品によく利用されている．至適pHは中性付近にあるが，pH5～8で高い活性を示し，熱安定性も高い特徴を有している[6]．

魚肉およびすり身あるいは肉糊中のTGase活性はこれらの試料から抽出した酵素を使用してタンパク質基質にアミンを共有結合させる反応で測定されることが多い．タンパク質基質としてカゼインを用いる場合と筋肉タンパク質を用いる場合がある．また，酵素の抽出を行わずに直接試料中にアミンを添加して試料タンパク質へのアミンの取り込み量を測定する方法もある．一方，ミオシンの架橋形成をミオシン重鎖の減少速度から求める方法，ε-（γ-Glu）Lysの生成量を測定する方法も用いられている．

表8·1　魚肉およびすり身中のトランスグルタミナーゼ活性

魚種	活性（unit / g 筋肉湿重量）*
シログチ	2.41
コイ	1.14
マイワシ	0.83
スケトウダラ	0.41
シロサケ	0.33
ホッケ	0.23
ニジマス	0.10
スケトウダラすり身（SA級）	0.33
シロサケすり身	0.05
ウサギ	0.23

*1 unitは25℃で1分間当たり1 nmolの蛍光性アミン（MDC）をアセチル化カゼインに取り込ませる活性

表8・2 トランスグルタミナーゼによる魚類アクトミオシンの架橋速度

魚 種	架橋重合速度(unit^{-1}・h^{-1})*
スケトウダラ	13.5
スケトウダラすり身(SA級)	13.5
ニジマス	11.1
ホッケ	10.0
シロサケ	10.8
シロサケすり身	9.8
シログチ	1.2
コイ	0.1

* コイのトランスグルタミナーゼ1 unitがアクトミオシン中のミオシン重鎖を50%架橋させるのに必要な時間の逆数値を速度とした. 例えばスケトウダラのアクトミオシンではミオシン重鎖が50%架橋されるのに4.4分間であるが, コイでは10時間かかる.

表8・1は種々の魚肉中のTGase活性を比較したもので, 筋肉から酵素を抽出してアミンのアセチル化カゼインへの取り込み量で比較したものである. 酵素の量はシログチ, コイ, イワシ, スケトウダラの順序に低くなっている. すり身では肉よりも酵素量が低いが, スケトウダラすり身(SA級)では肉の8割程度は残存している[7]. 一方, TGaseによる各種魚類アクトミオシン中のミオシン架橋重合の速度を測定してみると(表8・2), スケトウダラのアクトミオシンは極めて速く架橋重合され, 次いでシログチ, ニジマスと続く. コイではスケトウダラのそれの1/100程度に過ぎない[7]. これらの結果から, 魚肉ミオシンの架橋重合速度は肉中のTGase量と直接の比例関係はなく, ミオシンの構造に基づく架橋のされやすさに依存しているのである.

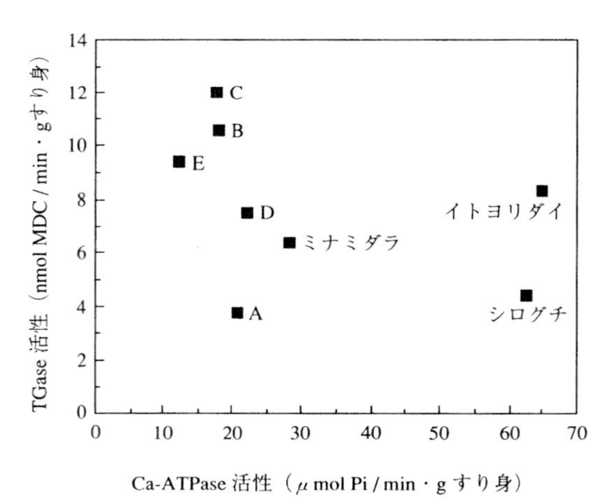

図8・1 市販冷凍すり身のトランスグルタミナーゼとCa-ATPase活性
A~Eは異なるメーカーのスケトウダラ冷凍すり身

市販のすり身中の TGase 活性を図 8･1 に示す．A～E は製造会社の異なるスケトウダラ冷凍すり身（1995 年製）の TGase 活性で，およそ 3 倍の差があったが，Ca-ATPase 全活性との相関は認められない．TGase は水溶性の酵素であるから，魚肉の水晒し中に除かれるが，水晒しの回数や方法によって残存する酵素量は当然異なる．スケトウダラすり身中の TGase 活性は筋原繊維の Ca-ATPase 活性よりは 2～3 倍速く熱失活する．TGase が Ca-ATPase より速く失活する事実は Ca-ATPase 活性が低下したすり身ではすでに TGase 活性は低下しており，後述するように坐りの効果は期待できないことを意味している．スケトウダラ肉糊中の TGase 活性は 25℃坐りでは 6 時間以上活性は保持されている．30℃坐りでも少なくとも 4 時間までは ε-（γ-Glu）Lys の生成量は低下しないので，かなり安定である[8]．多くの食品の中で水産加工品と畜肉加工品には ε-（γ-Glu）Lys の含量が高く加工中に TGase が作用しているとみなされている[9]．

コイ筋肉の TGase と微生物 MTGase によるコイの筋原繊維タンパク質に対する架橋重合を比較したところ，コイの TGase はミオシン重鎖を優先的に架橋重合するが，MTGase はミオシン重鎖とコネクチンをそれぞれ速やかに架橋し，さらにミオシンとコネクチン相互間でも架橋し，巨大な重合体を形成するなどの違いがみられる．アクチンはいずれの酵素によっても架橋重合され難いが，Gln 残基へのアミン取り込みは両酵素とも触媒する[10]．

§2. 坐りは TGase による架橋形成反応

2･1 坐　り

清水[11]は日本水産学会誌第 12 巻（1944 年）で坐りについて次のように述べている：「魚介肉を擂潰し，これに食塩を混和して放置すれば往々凝膠を形成し，恰も蒸煮蒲鉾の如き感触を与える．この現象を業者は坐りと称している．坐ったすり身はそのまま加熱すれば異常に足の強い蒲鉾が得られるが，擂り直して加熱すればもはや凝膠を作らない．坐りの速さは魚種によって異なるが，坐りは過量の食塩の混和および油脂，砂糖などの介在によって阻害され，熱によって促進される．しかし，0℃の如き低温度に於いても長時間中には坐る」．このことから，「坐りは一種の酵素の作用によって生起せられるものと考えられる」と述べている．この報告は坐りが酵素反応である可能性を指摘した最初のものであるが，その後，進展は見られなかった．

坐りやすい魚と坐り難い魚の代表としてスケトウダラすり身（SA 級）とシロサケすり身からそれぞれ同じ条件下で肉糊を調製し，25℃で坐り行い，その後，90℃で 20 分間加熱して（即ち 2 段加熱で）かまぼこを作成し，比較した（図 8･2）[12]．スケトウダラ肉糊は坐り操作中にゲルの破断強度が徐々に増大し，坐りゲルが形成された（○）．この時ミオシン重鎖は架橋され，重合体を形成する．この坐りゲルをさらに 90℃で加熱すると著しい破断強度の増大が起き，足の強いかまぼこゲルが形成された（●）．図の横軸の 0 時間の○は生の肉糊の，●は 90℃，20 分加熱の直接加熱ゲルの破断強度を示しているが，ミオシン重鎖の架橋形成はほとんど起きず（直接加熱では酵素の加熱失活が速く作用する時間がないので），坐りの効果が得られないために弱いゲルである．次にシロサケ肉糊の場合では直接加熱ではスケトウダラと同程度の弱いかまぼこゲ

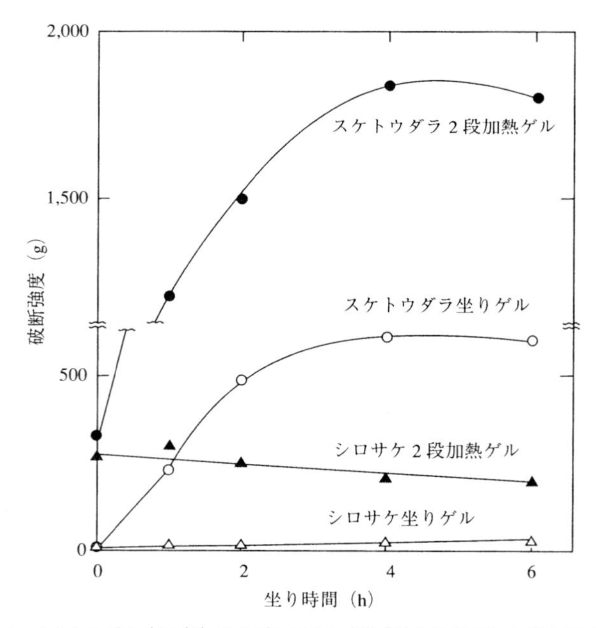

図 8･2　スケトウダラ（SA級）およびシロサケすり身肉糊の加熱ゲル形成に及ぼす坐りの効果．肉糊（タンパク質濃度 130 mg / g 肉糊，0.6M NaCl，pH7.0）を 25℃で坐りをおこなった後，90℃で 20 分間加熱した．破断強度は径 5 mm の円柱状プランジャーで測定．

ルを形成したが，一方，坐りを 6 時間まで行っても，坐りゲルは形成されなかった（△）．また，ミオシン重鎖の架橋形成も起きなかった．さらに，坐り操作後に 90℃で加熱したが（▲），坐りを行わない場合と同程度の破断強度のかまぼこゲルしか形成されず，坐りの効果は認められなかった．

2·2 TGase活性と坐りに影響する因子

スケトウダラすり身（SA 級）肉糊の坐り効果に及ぼす因子について調べ，坐りが TGase によるミオシン重鎖の架橋重合反応であることを明らかにする．図 8·3 に TGase の活性化因子である Ca^{2+}の影響を示す[13]．ここで使用したスケトウダラ SA 級すり身肉糊中には 2.1 mmol / kg（以下便宜的に mM と記述）の Ca^{2+}が元々含まれている（すり身自体の Ca^{2+}の含量は 3.2 mM である）．それを 25℃で 4 時間の坐り操作を行うと，坐りゲルが形成され，さらに 90℃で加熱すると足の強いかまぼこゲルが形成された（図の中央の 0）．この肉糊にさらに $CaCl_2$ を添加しても，ゲル形成に大きな影響はないか，ゲルの破断強度はむしろ低下する．元々のすり身肉糊中に存在する Ca^{2+}の量で十分なためである．カルシウムのキレート剤である EGTA を 2.1 mM 添加すると肉糊の Ca^{2+}はほぼ 0 mM となり，この条件下では坐りの効果は劇的に失われる．破断強度の驚くべき低下は坐り効果の大きさを示している．Ca^{2+}が存

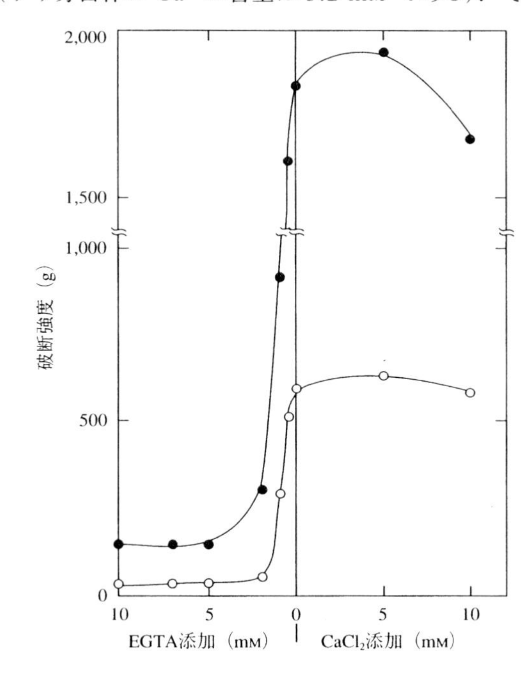

図 8·3 スケトウダラすり身肉糊の加熱ゲル形成に及ぼすカルシウムイオンの影響
スケトウダラ SA 級すり身肉糊は 130 mg / g のタンパク質，2.1mM カルシウムイオン，0.6M NaCl，pH7.0から成る．坐りを 25℃で 4 時間おこなった（○）後に，90℃ 20 分間加熱した（●）．

在しないときにはミオシン重鎖の架橋重合は全く起きなかった．十分洗浄したスケトウダラすり身から調製した肉糊，スケトウダラ筋肉から直接調製したアクトミオシンの肉糊では Ca^{2+} を添加しても坐りは起きないし，ミオシン重鎖の架橋形成も起きなかった．いずれも，TGase が除かれているためである．これらの肉糊に TGase を添加すると添加量に比例して坐りが起きるようになるし，MTGase を添加するなら，EGTA 中でも坐りゲルが形成され，足の強いかまぼこゲルが形成される．即ち Ca^{2+} は魚肉に内在する TGase の活性化に必要なのである．塚正ら[14] もマイワシとマサバで坐りに対する Ca^{2+} の必要性を報告している．したがって，カルシウムのキレート効果の強い化合物は坐りを阻害し，結果的にかまぼこゲルの形成を抑制する．TGase 活性化に Ca^{2+} が必要なことはかまぼこ製造に適した水はカルシウムがある程度多い方がよいという経験則の根拠の 1 つであると考えられる．次に，アンモニウム塩の存在は TGase によるタンパク質の架橋方向への反応を阻害するので，結果的に坐りは抑制され，足の強いゲルは形成されない[9, 15]．

肉糊の pH はかまぼこゲルの形成に大きな影響をおよぼす．内在性 TGase が坐りの要因であるなら，坐りやすい魚のゲル形成の至適 pH は TGase の至適 pH に近い中性付近にあることになる．既に坐りやすい白身魚肉糊の加熱ゲル形成の至適 pH は 7.0～7.5 であり，坐り難い赤身魚では 6.2～6.7 が至適 pH であることが知られている[16]．坐りを起こさない淡水魚，畜肉の肉糊，畜肉ミオシンでは加熱ゲルの至適 pH は 6.0 である[17～19] スケトウダラ SA 級すり身肉糊のゲル形成においても，坐りを阻害した場合の加熱ゲル強度は pH 7.0 よりも pH 6.0 の方が高いが[20]，固くて，保水性は劣る．加熱ゲルの保水性はアルカリ pH の方が高いので，この点からは pH は高い方が望ましいが，それ以上に TGase の至適 pH に近いことで坐り効果が得られることの方がゲル物性に及ぼす影響ははるかに大きい．

2･3　TGase架橋量とかまぼこゲル形成

熊澤ら[9]，はスケトウダラ FA 級と 2 級すり身のそれぞれの肉糊を 30℃で 4 時間まで坐り操作を行った後，85℃で 30 分間加熱してかまぼこを作成した．FA 級すり身肉糊は坐り時間の経過とともにミオシン重鎖の減少，ε-（γ-Glu）Lys の生成量が増大した．ゲル強度は急激に増大し，坐り 1 時間で最大値に到達した．一方，2 級すり身肉糊ではいずれの変化もほとんど起きなかった．FA 級すり身肉糊のゲル強度が最大値に達したときの ε-（γ-Glu）Lys の生成量は約 2 μmol / 100 g で，その後も増大し続けたが，3 μmol / 100 g 以上ではかまぼこゲルとは異り固く脆いゲルとなった．ゲル強度が最大値の時でも架橋量は平均してミオシン重鎖あたり 1～2 箇所に過ぎない．それ以上では過剰である．コイのミオシン重鎖には反応性の高い Gln 残基が 2 つ存在すると予想されており[21]，架橋はまずミオシン重鎖間で分子内架橋として S2 部位で起こる[22]．このように，わずかな平均架橋量であるが，その加熱ゲル強度に及ぼす影響は図 8·3 に示すように非常に大きいのである．加熱ゲル形成がミオシン分子頭部の加熱凝集と尾部の unfolding による絡み合いによる網目構造の形成によることは本書の第 1 章で述べられているが，坐り効果が発揮されるためには共有結合による架橋形成が必要である．この場合，ミオシンの網目構造形成機構はどのように変化し，それが結果的にゲル強度を著しく高めるようになるのか，今後の重要な課題である．

§3．TGase による坐りの導入

コイやシロサケ，マサバ，マダイなどは坐り難い魚種である．坐り難い理由は内在性TGaseがミオシンを架橋重合しないからであるが，その原因は異なっている．コイの場合は表 8·1，8·2 で示したように肉中の TGase 活性レベルは高いが，そのミオシンはコイ TGase で架橋重合され難いためである．シロサケ肉糊の場合は肉中の TGase 活性が低い上に（表 8·1）多量に存在するアンセリンが TGase 活性を阻害するためである[12, 23]．アンセリンは肉を水晒しすると除去できるが，TGase も同時に失われるので，TGase を添加する必要がある．シロサケのミオシン重鎖はスケトウダラ並に架橋重合しやすいので（表 8·2），TGase 添加による坐り導入効果が高い魚種である[24]．マサバやマダイは肉糊に Ca^{2+} を強化すると坐りが起きるようになる[14]．魚肉中には組織型 TGase が魚種に関わらず広く存在するが，それが肉糊中でミオシンを架橋するかどうかは酵素の存在量，ミオシンの構造，活性化剤である Ca^{2+} の量，阻害剤の有無など，魚種毎に異る条件を有しているので，TGase による坐り導入はそれぞれの魚種に適した方法が必要である．ここでは内在性酵素ではミオシン重

鎖の架橋形成が悪いコイのアクトミオシン・ゾルにMTGaseで坐りを導入した例を示す[25]．

コイから調製したアクトミオシン・ゾル（タンパク質濃度 90 mg / gゾル，5 mM $CaCl_2$，0.5 M NaCl，pH7.0）を 30℃で 12 時間まで坐り操作を行い，その後 90℃で 20 分間加熱して生成したゲルの破断強度と凹みを測定した（図 8･4 左）．破断強度は 4 時間，凹みは 2 時間の坐りで最大値を示した．確かに坐り操作を行うと破断強度も凹みも増大したが 2･1 で述べた坐りの定義に合わない．すなわち，これと同条件でスケトウダラ SA 級すり身肉糊の坐り-加熱ゲルの破断強度は 1,000 g を超えるが，コイでは直接加熱ゲル（坐り 0 時間）の 35 g から坐り 4 時間で最大 55 g に増大したに過ぎない．いずれの坐り-加熱ゲルも非常に軟弱なもので，コイが坐らないという経験に一致する．次に MTGase を 5 unit / g まで添加して 30℃で 2 時間の坐りを行い，その効果を調べた（図 8･4 右）．5 unit / g の添加では破断強度は 470 g となった．MTGase 無添加時の 43 g の 10 倍の破断強度である．スケトウダラすり身肉糊の加熱ゲルの破断強度には及ばないが，かまぼこゲルの強度に達しており，MTGase の使用で坐りの導入が可能である．

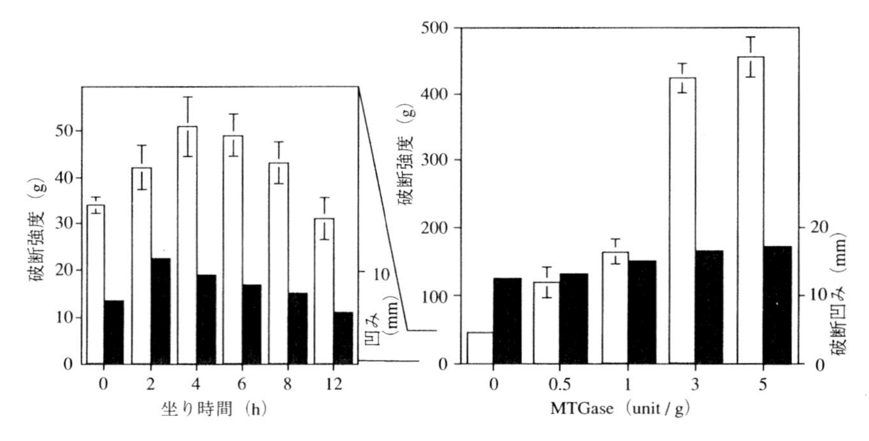

図8･4　コイのアクトミオシン・ゾルの加熱ゲル形成における坐りの導入．
左図：アクトミオシン・ゾル（タンパク質濃度 90 mg / g，0.5 M NaCl，5 mM CaC_{l2}，pH 7.0）を30℃で 12 時間まで坐らせた．破断強度（白）；凹み（黒）．
右図：同じ組成のアクトミオシン・ゾルに MTGase を添加し，30℃で 2 時間坐り後，90℃で加熱した．この図の TGase 添加 0 は左図の坐り 2 時間のデータと同じ．

文　献

1) 関　伸夫・宇野秀樹・李　南赫・木村郁夫・豊田恭平・藤田孝夫・新井健一：日水誌，56，125-132（1990）.
2) I. Kimura, M. Sugimoto, K. Toyoda, N. Seki, K. Arai, T. Fujita : *Nippon Suisan Gakkaishi*, 57, 1389-1396（1991）.
3) Y.Tsukamasa, K. Sato, Y. Shimizu, C. Imai, M. Sugiyama, Y. Minegishi, and M. Kawabata: *J. Food Sci.*, 58, 785-787（1993）.
4) H. Nozawa, S. Mamegoshi, and N. Seki : *Comp. Biochem. Phys.*, 124B, 181-186（1999）.
5) H. Nozawa, T. Mori, and N. Seki : *Fisheries Sci.*, 67, 383-385（2001）.
6) 本木正雄・添田孝彦・安藤裕康・松浦　明：農化誌，69，1301-1308（1995）.
7) H. Araki and N. Seki : *Nippon Suisan Gakkaishi*, 59, 711-716（1993）.
8) Y. Kumazawa, T. Numazawa, K. Seguro, and M. Motoki : *J. Food Sci.*, 60, 715-717, 726（1995）.
9) H. Sakamoto, Y. Kumazawa, H. Kawajiri, and M. Motoki: *ibid*, 60, 416-419（1995）.
10) C. Nakahara, H. Nozawa, and N. Seki : *Fisheries Sci.*, 65, 138-144（1999）.
11) 清水　亘：日水誌，12，165-172（1944）.
12) J. Wan, I. Kimura, M. Satake, and N. Seki : *Fisheries Sci.*, 61, 711-715（1995）.
13) J. Wan, I. Kimura, M. Satake, and N. Seki: *ibid*, 60, 107-113（1994）.
14) 塚正泰之・清水　寛：日水誌，56，1105-1112（1990）.
15) J. Wan, J. Miura, and N. Seki : *Nippon Suisan Gakkaishi*, 58, 583-590（1992）.
16) 三宅正人・田中明子：日水誌，35，311-315（1969）.
17) Y. H. Lan, J. Novakofski, R. H. McCusker, M. S. Brewer, T. R. Carr, and E. X. McKeith : *J. Food Sci.*, 60, 936-940, 945（1995）.
18) M. Ishioroshi, K. Samejima, and T. Yasui : *ibid*, 44, 1280-1284（1979）.
19) K. Samejima, M. Ishioroshi, and T. Yasui: *ibid*, 46, 1412-1418（1981）.
20) S. Ni, H. Nozawa, and N. Seki : *Fisheries Sci.*, 67, 920-927（2001）.
21) H. Kishi, H. Nozawa, and N. Seki : *Nippon Suisan Gakkaishi*, 57, 1203-1210（1991）.
22) N. Seki, C. Nakahara, H. Takeda, N. Maruyama, and H. Nozawa: *Fisheries Sci.*, 64, 314-319（1998）.
23) J. Wan, I. Kimura, and N. Seki : *ibid*, 61, 968-972（1995）.
24) S. Ni, H. Nozawa, and N. Seki : *ibid*, 65, 606-612（1999）.
25) S. Ni, H. Nozawa, and N. Seki : *ibid*, 64, 434-438（1998）.

9. 筋原線維結合型プロテアーゼ

原　研治*・長富　潔*・石原　忠*

かまぼこの火戻りの機構については，従来から，戻り誘因タンパク説，プロテアーゼ説とが論議されてきたが共に決め手はなかった[1]．一方，筋肉中には種々のプロテアーゼが存在し筋原線維タンパクを分解することは多くの研究者が報告している．火戻りの原因酵素についても耐熱性アルカリプロテアーゼ[2]をはじめ種々の報告がなされているが，それらのほとんどは可溶性画分に存在し，かまぼこ製造時の水晒しの過程で除去される．近年，かまぼこの火戻りは大豆トリプシンインヒビターや DFP のようなセリンプロテアーゼインヒビターにより抑制されることが Toyohara 等[3,4]によって明らかにされた．その酵素はトリプシン様の基質特異性を有することから，火戻りには魚類筋肉中のセリンプロテアーゼが関与する説が有力となった．また彼らは多くの魚種において，戻り誘因プロテアーゼが界面活性剤を使っても筋原線維から抽出されないことから，この酵素は筋形質画分に存在するものとは異なり何らかの形で筋原線維に結合している可能性を示唆した[3,5]．しかしながらこの酵素は筋原線維からの可溶化が非常に困難であることから研究は遅れていた．

筆者らは数種の魚種の筋原線維画分からこの酵素の溶出方法に工夫を加え，筋原線維結合型セリンプロテアーゼ（MBSP）を分離精製することに成功し報告している[6~9]．本章では，既に性質の明らかになっているコイおよびエソから精製された MBSP についてその精製方法，性質ならびに筋原線維タンパク質への作用から本酵素の火戻りへの関わりについて解説する．

§1. コ　イ

1・1　酵素活性測定

通常，酵素活性は Boc-Phe-Ser-Arg-MCA を基質として，ホウ酸緩衝液（pH 8.0）を用い，55℃での反応中に遊離される AMC の蛍光強度を測定した．

* 長崎大学水産学部

カゼイン基質の場合酵素反応で遊離されるアミノ酸を定量した．筋原線維タンパクの分解は SDS-ポリアクリルアミドゲル電気泳動（SDS-PAGE）により判定した．また α-アクチニン，アクチン，トロポミオシンの分解の判定は，SDS-PAGE 後，それぞれの特異抗体を用いたイムノブロット法で解析した．

1・2 可溶化と精製

研究当初，筆者らは筋原線維からの可溶化が比較的簡単であったコイを用いてこの研究を始めた．コイ普通筋を 4 倍量の 25 mM リン酸緩衝液（pH 7.5）とともにホモジナイズし，遠心分離後その沈殿を回収する．この沈殿に同緩衝液を加え再度ホモジナイズし遠心する．この操作を繰り返し，筋形質画分を十分に除去した筋原線維画分を得る．この画分に 15 倍量の冷水を加え，5℃で一晩放置する．沈殿した筋原線維ゾルを遠心分離にて集め，3 倍量の 2M KCl を加え筋原線維タンパクを溶解する．この溶液を pH 4.0 に調整し 2 時間放置することで初めて本酵素は可溶化される．この粗酵素液を蒸留水に透析後，凍結乾燥し濃縮した．この粗酵素を Sephacryl S-300 および Ultrogel AcA 54 によるゲルろ過，Arginine-Sepharose によるアフィニティクロマトを用いて精製した．最終的に本酵素は粗酵素から約 10,000 倍に精製され，回収率は約 17％であった．精製標品は図 9・1 に示すように SDS-PAGE で単一標品として精製

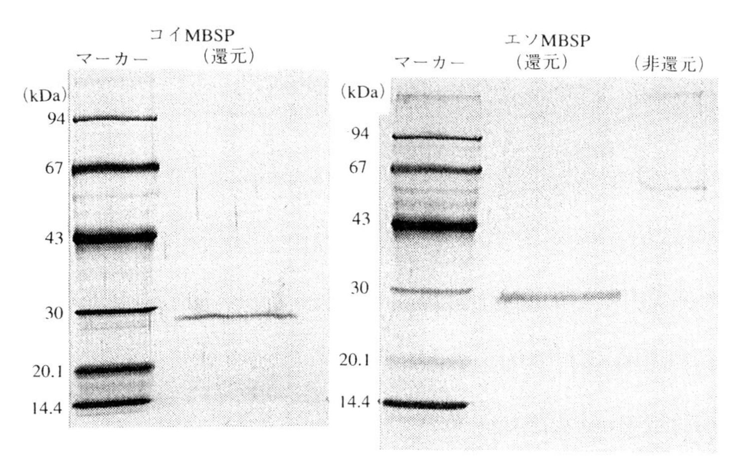

図9・1 コイおよびエソ MBSP の SDS-PAGE
7.5～20％グラディエントゲルを用い，酵素タンパクを銀染色法で染色した．

された．コイ MBSP の分子量はゲルろ過法，SDS-PAGE とも 30 kDa であった．このことから，エソ MBSP のダイマー（後述）とは異り，コイ MBSP はモノマーとして存在していることがわかった．興味あることに，Sephacryl S-300 によるゲルろ過の精製過程中本酵素の全活性は上昇した．この原因として，コイ筋肉中には 70 kDa の内因性トリプシンインヒビターが存在していることが知られており[10]，これがゲルろ過での過程中に解離した可能性が高い．

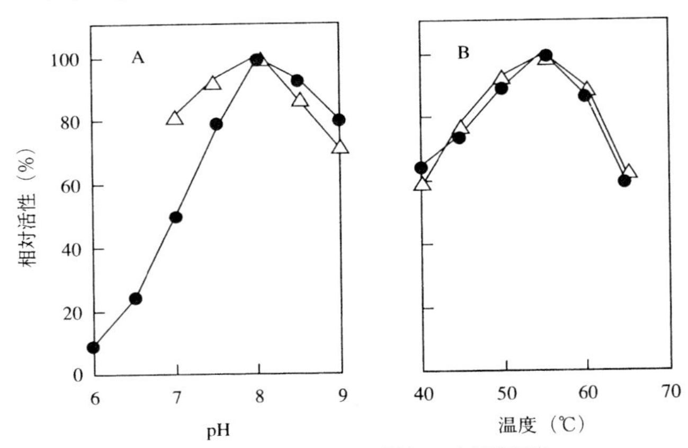

図9·2　コイ MBSP の最適 pH と最適温度
最適 pH（A）は 55℃で，最適温度（B）は pH8.0 で反応した．
（●）Boc-Phe-Ser-Arg-MCA 水解活性
（△）カゼイン水解活性

	1				5					10					15				
コイMBSP	I	I	G	G	Y	E	X	K	P	H	S	Q	P	W	Q	A	F	L	---
ヒトmekratin	I	I	G	G	V	E	S	K	P	H	S	R	P	Y	M	A	H	L	E I
牛トリプシン	I	V	G	G	Y	T	C	G	A	N	T	V	P	Y	Q	V	S	L	---
ヒトtryptase	I	V	G	G	Q	E	A	P	R	S	K	W	P	W	Q	V	S	L	R--
ヒトhepsin	I	V	G	G	R	D	T	S	L	G	R	W	P	W	Q	V	S	L	R--
イヌtryptase	I	V	G	G	R	E	A	P	G	S	K	W	P	W	Q	V	S	L	R--

CR1

図9·3　コイMBSP の N 末端アミノ酸配列と他起源のトリプシン様酵素とセリンプロテアーゼでよく保存されている領域を示す．* は活性中心

1・3 本酵素の酵素学的性質

図 9・2 に示したように，合成基質やカゼインに対する本酵素の最適 pH は 8.0，最適温度は 55℃であった．また 50℃あるいは 60℃での活性も最大活性の 75%を保持していることや，カゼインに対する水解が NaCl の添加により促進されることから，本酵素は火戻りを起こす条件で十分働くことが示唆された．

プロテアーゼインヒビターに対する阻害を調べた結果，本酵素は DFP，STI，Aprotinin，Pefabloc SC，PMSF のようなセリンプロテアーゼインヒビターに強く阻害された．一方，TLCK やキモスタチンのようなキモトリプシンインヒビターには顕著な阻害は見られなかった．また E-64 のようなシステインプロテアーゼインヒビターや Pepstatin A のようなアスパルティックプロテアーゼインヒビターには全く阻害されなかった．

インヒビターに対する阻害様式や後述の基質特異性の結果から本酵素はトリプシンタイプのプロテアーゼであることが明らかとなった．

1・4 MBSP の N 末端アミノ酸配列

コイ MBSP の N 末端アミノ酸配列をアプライド・バイオシステム社の 492 プロテインシーケンサーにて解析したところ，40 残基まで決定された．図 9・3 に示すようにコイ MBSP はセリンプロテアーゼでよく保存されている CR-1，CR-2 の保存領域を含み，ヒトメクラチン，トリプターゼ，ヘプシンや牛トリ

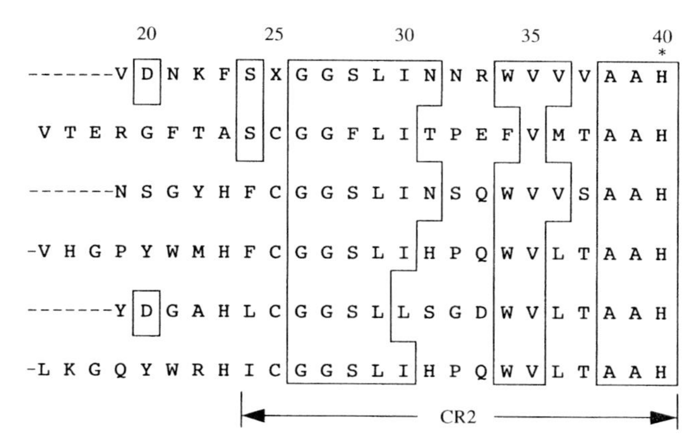

の比較．コイ MBSP と同じアミノ酸は四角で囲んだ．CR1 および CR2 は
の His 残基に相当する．

プシンのようなトリプシン型酵素とホモロジーが高かった．また40番目のHisは活性中心のHisと考えられた．

1・5　基質特異性

本酵素の合成基質に対する特異性（表9・1）を見ると，Boc-Val-Pro-Arg-MCAを最もよく水解し，またトリプシンタイプの酵素の基質を水解した．一方，キモトリプシンタイプの酵素の基質は水解しなかった．また，カテプシンBやLの基質もほとんど水解しなかった．

表9・1　種々のMCA基質に対するコイおよびエソ MBSP の水解
それぞれの酵素の Boc-Phe-Ser-Arg-MCA に対する活性を 100 とした相対活性で表した．

MCA基質（1.0 μM）	相対活性（%）	
	コイ (Km)	エソ
Boc-Phe-Ser-Arg-MCA	100（17.5）	100
Boc-Val-Pro-Arg-MCA	151（6.7）	111
Boc-Gln-Arg-Arg-MCA	134（8.1）	101
Boc-Gln-Gly-Arg-MCA	129（11.9）	106
Boc-Leu-Ser-Thr-Arg-MCA	96（9.7）	47
Boc-Leu-Lys-Arg-MCA	61（16.2）	64
Boc-Leu-Gly-Arg-MCA	43（19.2）	25
Boc-Leu-Arg-Arg-MCA	37（11.8）	49
Boc-Val-Leu-Lys-MCA	34（18.1）	1
Boc-Glu-Lys-Lys-MCA	19（58.5）	3
Boc-Gly-Lys-Arg-MCA	18（51.8）	49
Boc-Gly-Arg-Arg-MCA	11（36.5）	34
Boc-Ala-Gly-Pro-Arg-MCA	7（79.6）	22
Boc-Ile-Glu-Gly-Arg-MCA	2（56.2）	32
Boc-Arg-Val-Arg-Arg-MCA	—	19
Z-Phe-Arg-MCA	5	7
Z-Arg-Arg-MCA	1	6
Arg-MCA	0	0
Suc-Leu-Leu-Val-Tyr-MCA	0	0
Suc-Ala-Ala-Pro-Phe-MCA	0	0

Km= μM

多くの生理活性をもったペプチドやタンパクは不活性前駆体の塩基性アミノ酸ペアの部分あるいは単独の塩基性アミノ酸がプロセッシング酵素によって特異的な限定分解を受け活性化されることがわかっている．そのようなプロセッシングプロテアーゼとしては酵母の Kex 2 や furin のファミリーが知られており，非常に特異性の高いトリプシン型酵素である[11,12]．Kex 2 ファミリーは前駆体ペプチドやタンパクの Lys-Arg や Arg-Arg のような塩基性アミノ酸ペアの C 末端側を特異的に水解するセリンプロテアーゼである．そのようなセリ

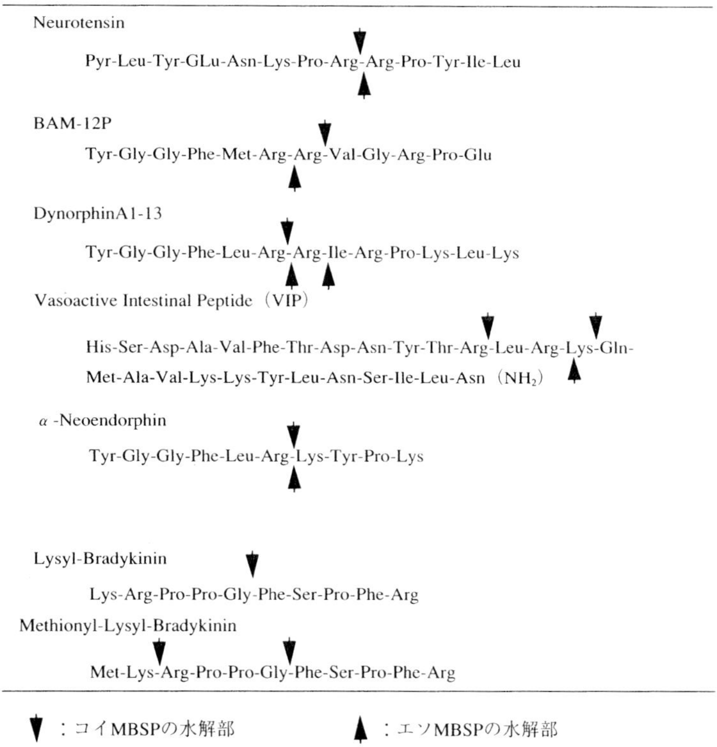

Neurotensin

Pyr-Leu-Tyr-GLu-Asn-Lys-Pro-Arg-Arg-Pro-Tyr-Ile-Leu

BAM-12P

Tyr-Gly-Gly-Phe-Met-Arg-Arg-Val-Gly-Arg-Pro-Glu

DynorphinA1-13

Tyr-Gly-Gly-Phe-Leu-Arg-Arg-Ile-Arg-Pro-Lys-Leu-Lys

Vasoactive Intestinal Peptide（VIP）

His-Ser-Asp-Ala-Val-Phe-Thr-Asp-Asn-Tyr-Thr-Arg-Leu-Arg-Lys-Gln-
Met-Ala-Val-Lys-Lys-Tyr-Leu-Asn-Ser-Ile-Leu-Asn（NH_2）

α-Neoendorphin

Tyr-Gly-Gly-Phe-Leu-Arg-Lys-Tyr-Pro-Lys

Lysyl-Bradykinin

Lys-Arg-Pro-Pro-Gly-Phe-Ser-Pro-Phe-Arg

Methionyl-Lysyl-Bradykinin

Met-Lys-Arg-Pro-Pro-Gly-Phe-Ser-Pro-Phe-Arg

▼：コイMBSPの水解部　　▲：エソMBSPの水解部

図9・4　ペプチド基質に対するコイおよびエソ MBSP の特異性
それぞれのペプチド基質と精製 MBSP を反応後，逆相カラムで生成ペプチドを分離した．アミノ酸シーケンサーにてそれぞれの生成ペプチドのアミノ酸配列を解析し，水解位置を決定した．コイ MBSP は下向き，エソ MBSP は上向きの矢印で表した．

ンプロテアーゼは牛副腎クロマフィンの膜やラット肝臓やラット腸粘膜にも見つけられている[11, 13]．

そこで，塩基アミノ酸ペア含んだペプチド基質に対するコイ MBSP の基質特異性を調べてみた．その結果，図 9·4 に示したように，MBSP は Arg のみではなく Lys の C 末端側も水解した．Arg-Arg，Arg-Lys のような塩基性アミノ酸ペアの間，あるいは後の C 末端側をよく水解したが Lys-Arg ペア間の水解は弱かった．コイ MBSP は塩基性アミノ酸単独の場合も，もちろん水解したが Lys 残基の C 末端側の水解は Arg 残基に比べ弱かった．VIP の水解に見られるように Lys-Lys の塩基性アミノ酸ペアは水解しなかった．一方，信じがたいことにコイ MBSP は Lysyl-bradykinin および Methionyl-lysyl-bradykinin の -Pro-Pro-Gly- の Gly 残基のカルボキシル側を特異的に水解した．これはセリンプロテアーゼには見られない特異な性質であった．もちろん，牛トリプシンはこの位置を全く水解しなかった．一方，Bradykinin は Lysyl-bradykinin の N 末端 Lys が欠けているだけにもかかわらず，コイ MBSP はこの Gly 残基

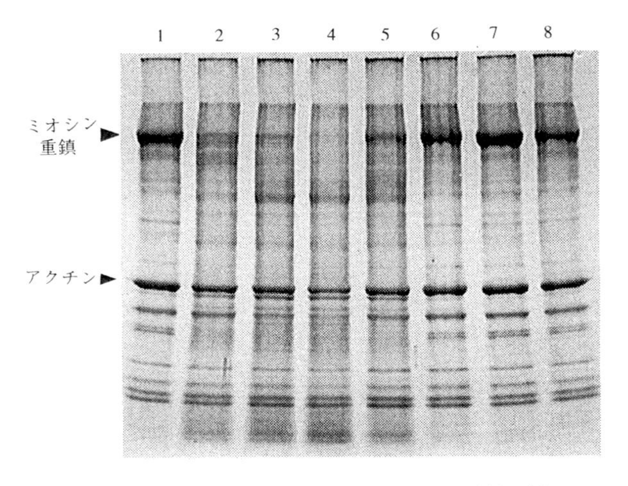

図 9·5　コイ MBSP によるミオシン重鎖の水解

0.5 M NaCl を含む 0.1 M リン酸緩衝液（pH7.0）に溶解した筋原線維と精製 MBSP を種々の温度で 1 時間反応させ，反応生成物（17μg）を 7.5-15％ゲルを用い SDS-PAGE に供した後，タンパクをクマシー染色した．

レーン 1，0h；2，40℃；3，50℃；4，55℃；5，60℃；6，70℃；7，80℃；8，55℃ コントロール筋原線維（MBSP 無添加）

部を水解しなかった．したがって MBSP の基質特異性には P1-P3 部位のみではなく，その他の残基が影響しているようである．先に述べたように Kex2 や furin 様プロセッシングプロテアーゼでは通常 Lys-Arg や Arg-Arg のような 2 つの塩基性アミノ酸ペアの後を特異的に水解することが知られているが，コイ MBSP の基質特異性はもっと広く，これらの酵素とは異っているようである．

1･6 筋原線維タンパクに対する水解

かまぼこの戻り現象は中性条件下で 60℃付近において筋原線維タンパク，特にミオシン重鎖が壊れる現象であることが報告されている[14]．そこで，筆者らは筋原線維の主要タンパク質のミオシン重鎖，α-アクチニン，アクチン，トロポミオシンに精製 MBSP を作用させ，その水解を SDS-PAGE で解析した．

ミオシン重鎖：図 9･5 に示したように，かまぼこのゲル強度に貢献するミオ

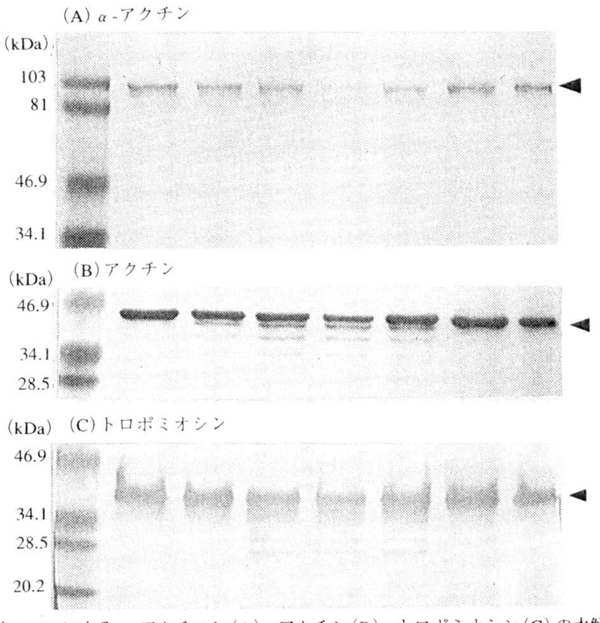

図 9･6 コイMBSPによる α-アクチニン (A)，アクチン (B)，トロポミオシン (C) の水解
図 9･5と同様，筋原線維に精製 MBSP を作用させた後，SDS-PAGE にて生成タンパクを分離した．このゲルからタンパクをニトロセルロース膜に転写後，(A) は α-アクチニン，(B) はアクチン，(C) はトロポミオシンの抗体と反応し，抗原に結合した抗体を染色した．

シン重鎖はMBSPにより最も早く分解された．分子量20万付近のミオシン重鎖のバンドは55℃1時間で完全に消失した．この結果はMBSPが火戻り現象に関わりうる酵素であることを示唆している．

α-アクチニン，アクチン，トロポミオシン：これら3種の筋原線維タンパクの分解の解析はミオシン重鎖の分解産物が妨害することから，それぞれの特異抗体を用いたイムノブロット法で調べ図9·6に示した．

Z-線の構成タンパクであるα-アクチニンの水解については，火戻りや自己消化に関しての報告はあまりない．Busconiら[15]はシログチ内因性トリプシン様酵素はα-アクチニンを水解しないと報告しているがMBSPは55℃，1時間反応でα-アクチニンのバンドはほとんど消失した．分解様式は速やかに低分子化されるようで限定分解による明瞭なバンドは認められなかった．

アクチンは他の筋原線維タンパクと比べプロテアーゼに最も抵抗性があるタンパク質である．しかしながら，アクチンもMBSPによって50～60℃1時間で41，38および34 kDaの3本の低分子タンパクに限定分解された．

トロポミオシンの水解もアクチン同様50～60℃1時間で水解され，限定分解産物が認められた．

筋原線維タンパクの代謝に関してKeyら[16]はミオシンや他の筋原線維タンパク質分解の最初の段階はリソソームの外で，トリプシン様酵素により行われていると報告している．この酵素の特定はされていないがMBSPが筋原線維タンパクの代謝に関わっていることは十分に考えられる．

1·7　MBSPの遺伝子クローニング

MBSPを筋肉中から大量に精製することは非常に困難な作業である．そこで本酵素の構造と機能を調べ，生理的役割を明らかにするためにcDNAクローニングを行った．本酵素のN末端アミノ酸配列は40残基まで決定されたことは既に述べたが，このデータからセンスプライマーを，セリンプロテアーゼ間でよく保存されている活性中心のアミノ酸配列を基にアンチセンスプライマーを設計した．全RNAはコイ筋肉からISOGEN（日本ジーン社製）を用いて抽出した．これからmRNAを精製し，逆転写酵素で1本鎖cDNAを合成した．これを鋳型として，RT-PCR法，5'および3' RACE法を用いてコイMBSP遺伝子クローニングを行い，全一次構造を明らかにした．

その結果，本酵素の遺伝子は 242 個のアミノ酸をコードする 726 bp の cDNA からなることが明らかとなった．また，21 残基目からのアミノ酸配列が精製酵素より決定した N 末端アミノ酸配列（40 残基）と全て一致したことより，222 アミノ酸の活性型 MBSP の上流に疎水性領域を有する 20 残基のプロ型ペプチドが存在することが明らかとなった．このことよりプロ型から活性型への変換は Glu(20)-Ile(21) のペプチドが水解されて起こることが明らかとなったが，この変換酵素についてはこれからの課題である．

他のトリプシン型プロテアーゼと比較すると活性型 MBSP は全体としてのホモロジーは低かったが活性中心の存在する C 末端領域はよく保存されていた．また，活性型コイ MBSP は分子内に Lys を 27 残基も含んでいることが明らかとなった．この事実から MBSP と筋原線維とはイオン結合している可能性も示唆された．この考えは，本酵素が筋原線維から 0.5 M KCl，pH 4.0 の条件で解離することからも支持される．

§2. エ　ソ

かまぼこの多くは海産魚を用いて作られることから，火戻りに関する MBSP の研究は海産魚を用いて行われることは当然である．前にも述べたが，海産魚の筋原線維結合型セリンプロテアーゼの存在は，Toyohara ら [3] および志水 [5] 等によって報告されている．しかしながら，コイに比べ，海産魚中の MBSP は筋原線維からの抽出が非常に困難であることから，これまで，この研究はほとんど進展しなかった．筆者らはかまぼこの原料として長崎ではよく使用されるエソを用い，MBSP を精製し，その性質を明らかにしたので解説する [9]．

2・1 可溶化と精製

酵素活性の測定はコイの MBSP と同様である．エソ筋肉を 3 倍量の 20 mM ホウ酸緩衝液（pH 7.5）とともにホモジナイズ後遠心分離にて沈殿（筋原線維）を集めた．これに 4 倍量の蒸留水で懸濁しホモジナイズ後 pH を 6.0 に調整し遠心分離した．この蒸留水での洗浄操作をさらに繰り返し筋形質タンパクを除去した筋原線維画分に蒸留水を加え pH を 6.0 に調整した．エソ MBSP はこのホモジネートを 55℃，5 分間加熱処理することで筋原線維から解離できた．この粗酵素液を凍結乾燥後，DEAE-Sephacel，Sephacryl S-200，Q-Sepharose，

Hydroxyapatite, Benzamidine-Sepharose アフィニティクロマトにより精製した．最終的にエソ MBSP は回収率約 1%，精製度 180 倍に精製され，SDS-PAGE でも均一であった．この精製酵素の SDS-PAGE での分子量は非還元下では 60 kDa，還元下では約 29 kDa と推定された（図 9·1）．コイ MBSP は分子量 30 kDa のモノマー酵素であったがエソの場合は分子量 29 kDa のダイマーとして存在していることがわかった．

2·2　酵素学的性質

コイ MBSP 同様，エソの場合も合成基質に対する最適 pH は 7～8 であり，最適温度は 50℃であった．したがって，エソ MBSP も戻りの温度帯で十分に働く酵素であることが推察される．インヒビターに対する影響を調べた結果，本酵素は Pefabloc SC や STI，Aprotinin，Benzamidine，Leupeptin のようなセリンプロテアーゼインヒビターに阻害され，E-64 のようなシステインプロテアーゼインヒビターや Pepstatin A のようなアスパルティックプロテアーゼインヒビターには阻害されなかった．

2·3　基質特異性

種々の合成基質に対する水解は表 9·1 に，ペプチド基質に対する水解は図 9·4 に示した．本酵素は P1 に Arg を有する MCA 基質は水解したが Lys の場合はほとんど水解しなかった．合成基質に対する分解はコイ MBSP と類似していた．ペプチド基質に対しては Arg-Arg，あるいは Arg-Lys の間をよく水解したがコイ MBSP と異り Lys-Arg や Lys-Lys の間は水解しなかった．この結果はラット肝臓，豚腸粘膜のトリプシンタイプのプロセッシングプロテアーゼの結果とよく似ていた[17, 18]．このことからコイに比べ基質特異性の狭いエソ MBSP にプロセッシングプロテアーゼのような生理作用がある可能性も示唆された．

また塩基性アミノ酸のカルボキシル側を水解する特徴や上記阻害剤に対する結果から，エソ MBSP もコイ MBSP 同様トリプシン型セリンプロテアーゼであることがわかった．

2·4　N末端アミノ酸配列

エソ MBSP の N 末端アミノ酸配列は 10 残基（IVGGAEXVPY）が決定できた．4 残基目までは他のセリンプロテアーゼと同じであったが，他はコイ

MBSP や他起源のトリプシン型酵素とも異なっていた. SWISS-PROT および Gen Bank のデーターベースホモロジー検索を行ったが, これまでわかっている酵素とはホモロジーが低いことから, エソ MBSP は新奇なセリンプロテアーゼであると考えられた. しかしながら, エソ MBSP については情報が少なく今後 cDNA クローニングなどで全構造を明らかにしたい.

2・5 筋原線維タンパクに対する水解

本酵素とミオシン重鎖を 55～60℃ 1 時間反応させたところ, ミオシン重鎖のタンパクバンドはかなり減少した. 一方, α-アクチニン, アクチン, トロポミオシンはミオシン重鎖と比べ, ほとんど分解されなかった.

コイ MBSP はエソ MBSP と異なり, ミオシン重鎖はもとより, α-アクチニン, アクチン, トロポミオシンをもよく水解した. 両酵素の性質の違いは明らかであるが, いずれにしろ両者は共にミオシン重鎖をよく水解することでは一致した. 前に述べたが, かまぼこの戻り現象は中性条件下, 60℃付近でミオシン重鎖が壊れる現象である. したがって, エソ MBSP もコイ MBSP と同様, 戻りに関わる最も重要な酵素であることには変わりない.

§3. まとめと今後の課題

本章ではコイとエソから, 筋原線維結合型セリンプロテアーゼ（MBSP）を均一にまで精製しその性質を述べた. コイ MBSP は筋原線維ゾルを pH 4.0 で 2 時間放置することで可溶化された. 一方, エソ MBSP の場合は筋原線維タンパクから 55℃で短時間加熱することで溶出された. このようにコイ MBSP とエソのそれとは, 筋原線維からの溶出方法が異っていたことから, 両者の筋原線維タンパクとの結合様式は異る可能性が示唆された. また両酵素は同じトリプシンタイプのプロテアーゼであったがその構造や性質に相違が見られた. しかしながら両者共にミオシン重鎖をよく水解することは一致しており, 両酵素とも戻りに関わる最も重要な酵素であることには違いない.

一方, 志水などは戻りやすい魚種, 戻りにくい魚種を報告している[1]が, 戻りにくい魚種にも当然 MBSP は存在していると考えられる. 今のところ戻り現象を MBSPのみでは説明がつかないところもあるが, MBSP の研究は始まったばかりである. 海産魚の MBSP に関しては, 筆者らはシログチ筋肉からかなり精製されたMBSPを得ているが，魚種間でその性質は異っているようである．筋形質画分にはMBSP類似酵素は見られないことから，今後多くの魚種のMBSPを分離精製し火戻りへの関わりに検討を加えたい．

ミオシン結合型セリンプロテアーゼに関する報告はほとんど見られないが，最近，mekratinというミオシン結合型セリンプロテアーゼが筋疾患のハムスター骨格筋から精製された[19, 20]．この酵素はミオシン軽鎖2を特異的に水解する突発性心筋症を引き起こす．しかしながら，このmekratinはミオシン重鎖を水解しないことから，エソMBSPやコイMBSPとは明らかに異っていた．

MBSPの生理作用については，筋原線維タンパクの代謝やプロセッシング酵素の可能性が考えられる．筆者らは既にコイMBSPの遺伝子クローニングに成功しているので，これを突破口として進めていきたい．また，筆者らはシログチおよびエソ筋肉中に，コイや牛トリプシンには阻害しないがエソMBSPのみを阻害する分子量55 kDaのMBSP特異的インヒビターを精製し，その一次構造も明らかにしつつある[21, 22]．これらのインヒビターもMBSPの生理的役割を明らかにするツールとなるであろう．

文　献

1）志水　寛：白身の魚と赤身の魚-肉の特性，（日本水産学会編）恒星社厚生閣，1976，pp106-118.

2）Y. Makinodan and S. Ikeda : *Bull. Japan, Soc. Sci. Fish.*, 35, 749-759（1969）.

3）H. Toyohara, M. Kinoshita, Y. Shimizu and M. Sakaguchi: *Biomed. Biochim. Acta.*, 50, 717-720（1991）.

4）H. Toyohara and Y. Shimizu: *Agr. Biol. hem.*, 52, 255（1988）.

5）志水　寛・野村　明・西岡不二男：日水誌，52，2027-2032（1986）.

6）K. Osatomi, H. Sasai, M. Cao, K. Hara and T. Ishihara: *Comp. Biochem. Physiol. B*, 116, 159-166（1997）.

7）M.-J. Cao, K. Osatomi, P. Henneke, K. Hara and T. Ishihara : *ibid*, 123, 399-405（1999）.

8）M.-J. Cao, K. Hara, K. Osatomi, K. Tachibana, T. Izumi and T. Ishihara : *J. Food Sci.*, 64, 644-647（1999）.

9）M.-J. Cao, K. Osatomi, K. Hara and T. Ishihara : *Comp. Biochem. Physiol. B*, 125, 255-264,（2000）.

10）H. Toyohara, Y. Makinodan. K. Tanaka and S. Ikeda : *Agrc. Biol. Chem.*, 47, 1151-1154（1983）.

11）Y.Tsuchiya, T. Takahashi, Y. Sakurai, A. Iwamatsu and K. Takahashi : *J. Biol. Chem.*, 269, 32985-32991（1994）.

12）G. Thomas, B.A. Thorne, L. Thomas, R.G. Allen, D.E. Hruby. R. Fuller and J. Thorner: *Science*, 241, 226-230（1988）.

13）Y. Zhou and I. Lindberg : *J. Biol. Chem.*, 268, 5615-5623（1993）.

14）Y. Makinodan, H, Toyohara, and E. Niwa :

J. Food Sci., 50, 1351-1366 (1985).

15) L. Busconi, E.J.E. Folco, C.B. Martone, R. Trucco and J. J. Sanchez : *Arch. Biochem. Biophys.*, 268, 203-208 (1989).

16) J. Kay, L. M. Siemankowski, R. F. Siemankowski, J. A. Greweling and D. E. Goll: *Biochem. J.*, 201, 279-285 (1982).

17) K. Takahashi, Y. Tamonoue, M. Yanagida, Y. Sakurai, T. Takahashi and K. Sutoh: *Biochem. Biophys. Res. Commun.*, 175, 1152-1158 (1991).

18) Y. Tamonoue, T. Takahashi and K. Takahashi : *J. Biochem.*, 113, 229-235 (1996).

19) J. C. Holt, V.B. Hatcher, J.B. Caulfild, P.K. Umeda.J.A. Melendez, L. Martino, S.P. Mudzinsky, F. Blumenstok, H.S. Slayter and S.S. Margossian: *Mol. Cell. Biochem.*, 181, 125-135 (1998).

20) R. J. C. Levine, J. B. Caulfield, P. Norton, P.D. Chantler, M.R. Deziel, H.S. Slayter and S.S. Margossian : *ibid*, 195, 1-10 (1999).

21) M.-J. Cao, K. Osatomi, R. Matsuda, M. Ohkubo, K. Hara and T. Ishihara: *Biochem. Biophys. Res. Commun.*, 272, 485-489 (2000).

22) M.-J. Cao, K. Osatomi, K. Hara and T. Ishihara : *Comp. Biochem. Physiol. B*, 128, 19-25 (2001).

10. 筋形質画分中のプロテアーゼインヒビター

野村　明*

現在，水産ねり製品の原料にはスケトウダラを中心とした冷凍すり身が全国的に使用されているが，鮮魚を併用したり，あるいは鮮魚のみを原料として製造している地域もある．鮮魚の場合には，水晒し処理をして用いられる．水晒しによって魚臭，脂肪などが除去され，滑らかで，きめが細かく，足の強い製品になるとされ，鮮魚をねり製品原料として使用する場合に，この工程は不可欠であると認識されてきた[1~4]．

そこで，高知県内で日常的にねり製品原料として用いられている沿岸雑魚についてかまぼこ製造における水晒しの有効性を確認するため，無晒肉と晒肉のゲル化特性（坐り，戻り，足形成）を調べたところ，水晒しによって40℃付近で戻りが新たに誘発される魚種が存在することを認めた[5]．本章ではこの水晒しの有効性の魚種による違いを述べると共に，新たに認められた戻り発現の足形成への影響および水晒しによる戻り誘発に関わる筋形質画分中のプロテアーゼインヒビターの存在について述べる．

§1. 土佐湾沿岸雑魚のゲル化特性[5]

1·1 戻り発現に対する水晒しの影響

高知県沿岸で漁獲された雑魚 19 種について，それらの無晒肉と晒肉の温度-ゲル化曲線を求め，ゲル形成に及ぼす水晒しの影響を調べた．その結果，図 10·1 に示したように，これらの魚種は戻りの現れ方から，次の 4 グループに大別できた．

I 型；無晒肉と晒肉が共に戻り現象を示さない魚種（3 種，ヒメコダイ，ツマグロアオメエソ，クラカゲトラギス）．

II 型；無晒肉では 60℃付近で戻りが認められるが，水晒しによって戻らなくなる魚種（3 種，マツバゴチ，ワキヤハタ，アオメエソ）．

* 高知県工業技術センター

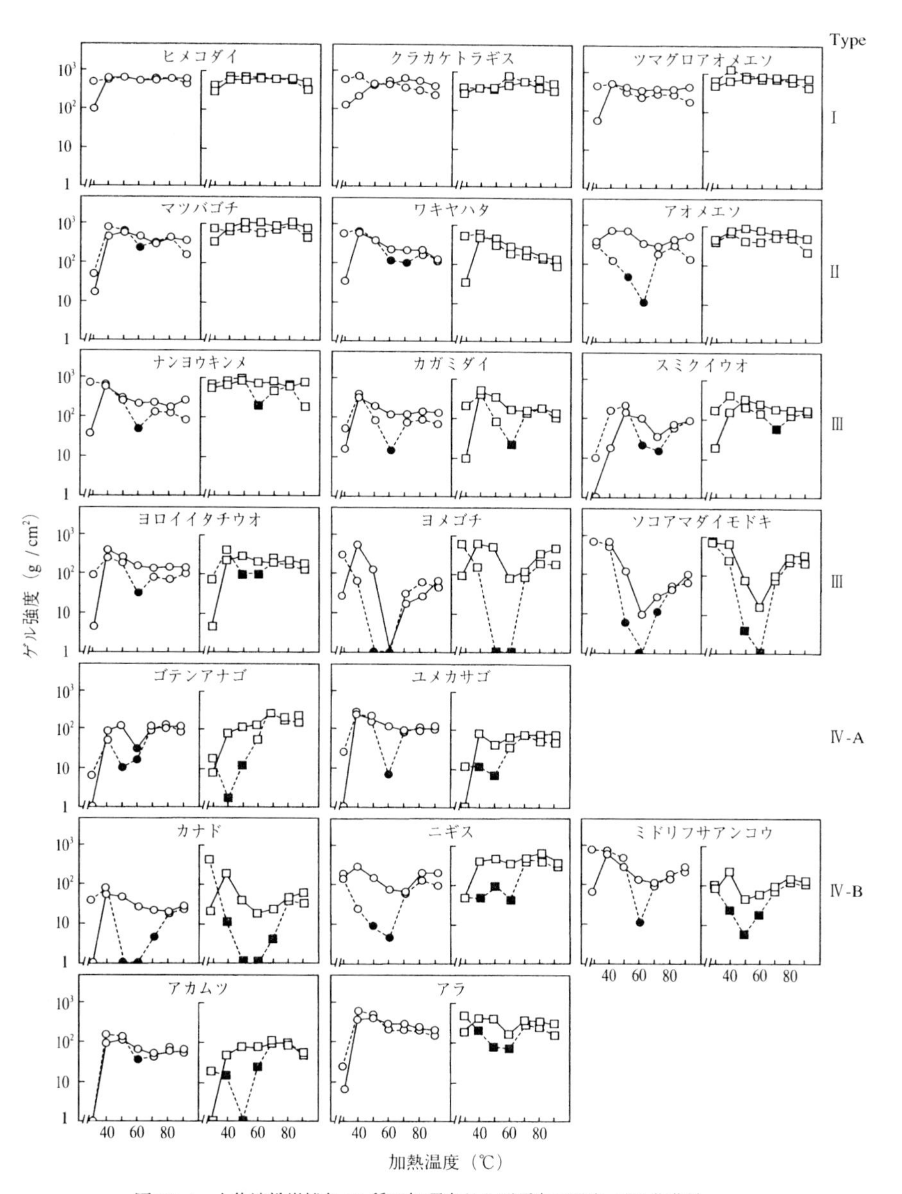

図 10･1　土佐湾沿岸雑魚 19 種の無晒肉および晒肉の温度-ゲル化曲線
○，無晒肉；□，晒肉；──，20 分加熱；┈┈，2 時間加熱
●と■は加熱によってミオシン重鎖が分解した戻りゲル

Ⅲ型；無晒肉と晒肉が共に60℃付近で戻りを起こす魚種（6種，ナンヨウキンメ，カガミダイ，スミクイウオ，ヨロイイタチウオ，ヨメゴチ，ソコアマダイモドキ）．

Ⅳ型；無晒肉では60℃付近で戻るが，水晒しによって新たに40℃付近で戻りが発現する魚種（7種，ゴテンアナゴ，ユメカサゴ，カナド，ニギス，ミドリフサアンコウ，アカムツ，アラ）．このⅣ型魚種の中でゴテンアナゴとユメカサゴは無晒肉で認められる60℃付近の戻りが晒肉では発現しなくなるタイプ（Ⅳ-A型）で，その他の魚種は晒肉でも60℃の戻りが発現するタイプ（Ⅳ-B型）であった．

Ⅰ型，Ⅱ型およびⅢ型魚はこれまでに報告されていたが[6]，Ⅳ型魚は新たに認められたタイプである．また，Ⅰ型およびⅡ型魚は図10·1から分かるように80℃でのゲル形成能が比較的強く，ねり製品原料として好まれている．Ⅳ型魚はゲル形成能が弱く，また，概して入手時には肉のpHが6付近（6.0～6.2）でⅠ型魚（pH 6.6～6.8），Ⅱ型魚（pH 6.5～6.7），Ⅲ型魚（6.1～6.3）よりも低い．（　）内の値は危険率5％の区間推定値を示す[7]．Ⅳ型魚の肉pHを乳酸で下げるとⅣ型魚のタイプになることが確認されており，Ⅳ型魚晒肉の戻り発現には肉pHの低下が関与していると考えられる[7]．

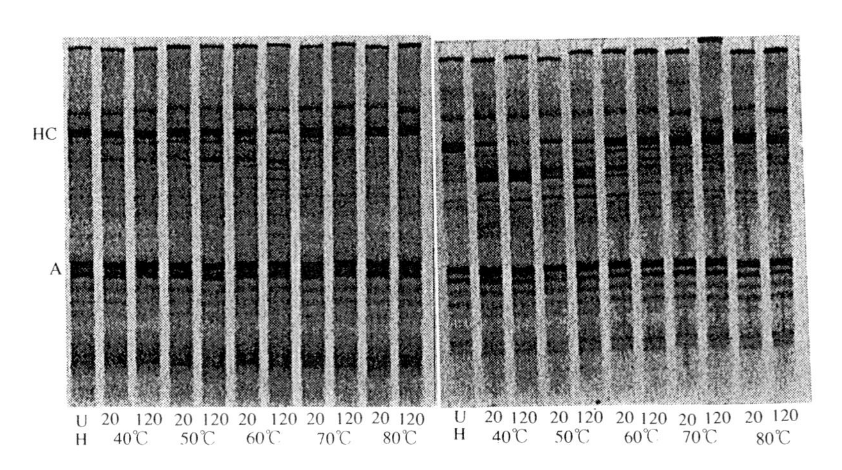

図10·2　Ⅳ型魚ユメカサゴ無晒肉（左）および晒肉（右）加熱ゲルのSDS-PAGE像
UH，未加熱ゲル

Ⅳ 型魚の戻り現象とタンパク質の分子挙動との関連を検討するため，無晒肉および晒肉加熱ゲルの SDS-PAGE 像を調べた．その結果，図 10・2 に示したユメカサゴのような Ⅳ-A 型の場合には，無晒肉では 60℃加熱ゲルでミオシン重鎖（HC）の分解が認められるが，晒肉では 60℃付近での分解は弱くなり 40～50℃にかけて強い分解が認められた．Ⅳ-B 型の場合は，60℃付近の HC の分解とともに 40～50℃でも HC の分解が認められた．このような HC の分解状況と戻り発現とがよく対応していることから，Ⅳ 型魚晒肉で発現する 40℃付近の戻りは HC の分解によるものと考えられる．したがって，Ⅳ-A 型の場合には 60℃筋形質型プロテアーゼと 40℃筋原繊維結合型プロテアーゼが肉中に含まれており，Ⅳ-B 型の場合には 60℃筋原繊維結合型プロテアーゼと 40℃筋原繊維結合型プロテアーゼが含まれているものと考えられる．ちなみに，Ⅱ 型魚の戻りは HC の分解状況から，60℃筋形質型プロテアーゼであり，Ⅲ 型魚の場合は 60℃筋原繊維結合型プロテアーゼによると考えられる．

1・2　二段加熱の影響

かまぼこの弾力を増強する一つの方法として，塩ずり身をあらかじめ 40℃付近で加熱し，それから本加熱をする二段加熱といわれている方法がある．40℃付近での予備加熱で坐りが進行するにしたがって二段加熱ゲルの弾力も増強されることが報告されている[8, 9]．しかし，かまぼこ業者の中には経験的に魚によって二段加熱の効果がある場合とない場合があるという．Ⅳ 型魚の晒肉の場合には通常の坐り温度域で HC の分解と戻りが起こることから，二段加熱の効果のないことが予測されたので，これを確かめるために Ⅳ 型魚無晒肉および晒肉の塩ずり身を 40℃で予備加熱したのち 80℃で加熱した二段加熱ゲルの強さとそれぞれのタンパク質の分子挙動について SDS-PAGE により検討した．Ⅳ 型魚の無晒肉の二段加熱ゲルは 80℃ 20 分直接加熱ゲルよりも強く，40℃での予備加熱によって弾力を増強させる効果が認められたが，晒肉では 40℃での予備加熱時間が長くなるにつれて二段加熱ゲルは劣化した（図 10・3）．また，それぞれの加熱ゲルの SDS-PAGE 像から無晒肉では 40℃加熱ゲルおよび二段加熱ゲル共に加熱に伴う HC 量の変化は認められないのに対し，晒肉では加熱時間が長くなるほど HC 量の減少が著しくなり，泳動像上の HC とアクチンの間の成分が増加し，HC の分解が戻りの程度と密接に関係していることが分か

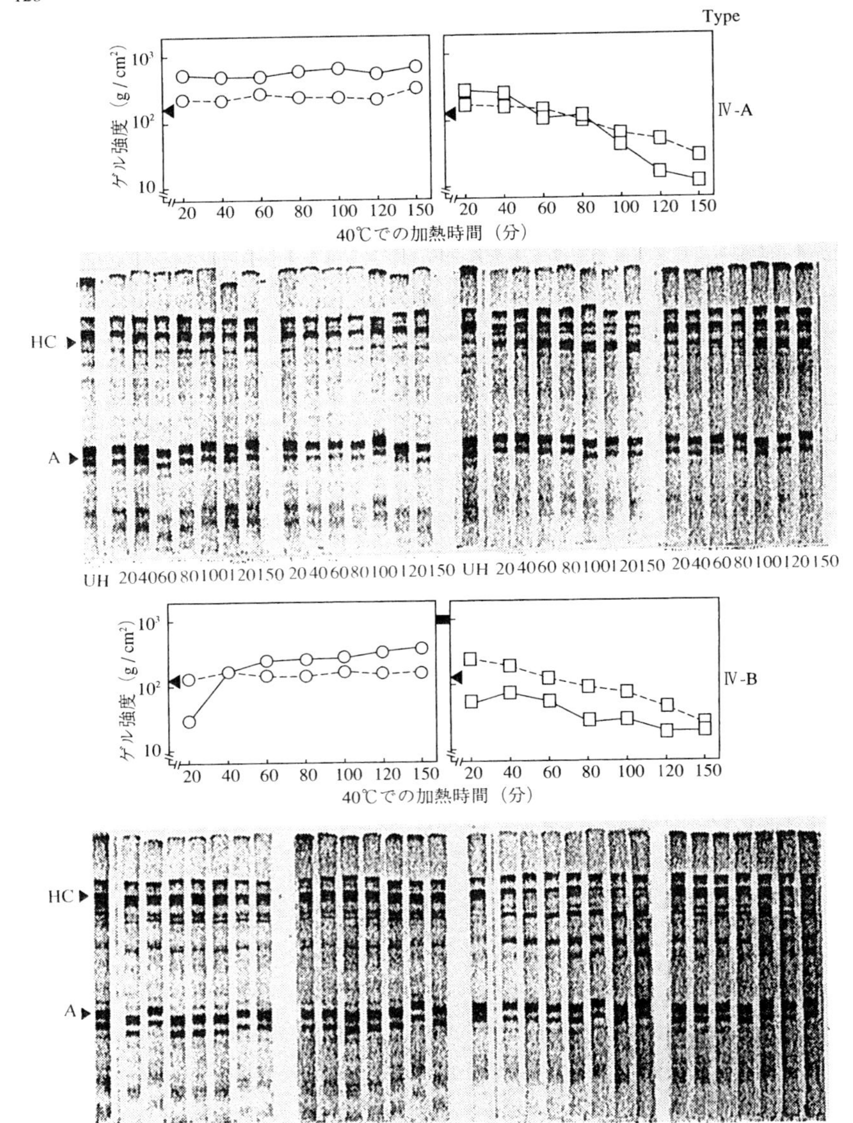

図 10・3　Ⅳ型魚無晒肉および晒肉の二段加熱ゲル曲線並びに加熱ゲルの SDS-PAGE 像．上段はユメカサゴ，下段はアカムツ．○，無晒肉；□，晒肉；┈┈ 40℃加熱ゲル；──，40℃で加熱後 80℃で 20分 加熱した二段加熱ゲル；▼，80℃，20 分加熱ゲルの強度

った[10]. かまぼこ業者のいう坐らせようと思って長く加熱すると，返って悪くなったというのはこのⅣ型魚晒肉のような肉を使った可能性がある.

§2. 筋形質画分の戻り抑制効果[11]

ねり製品工場では雑魚を焼き物や蒸しものに利用する場合，水晒し処理をして用いる．現在，Ⅳ型魚晒肉は高級品には全く用いられていないが，それを有効に利用するために，ⅠまたはⅡ型魚の肉と混合した場合のゲル形成について検討した.

Ⅰ型魚およびⅡ型魚の無晒肉または晒肉をⅣ型魚の晒肉と混合したときのゲル強度曲線とSDS-PAGE像を図10･4に示した．Ⅳ型魚晒肉では40℃付近で戻りが発現し，HCの分解も確認されたが，この晒肉にⅠ型魚の無晒肉を等量混合した場合，40℃での戻りは認められなかった．これに対して，Ⅰ型魚の晒肉を混合した場合，40℃付近でHCの分解を伴った加熱ゲルの劣化が認められ，これはⅣ型魚晒肉に起因するものと思われた．Ⅱ型魚無晒肉を混合した場合にはその影響と考えられる60℃での戻りが誘発されたが，Ⅰ型無晒肉と同様に40℃の戻り抑制効果があり，晒肉にはその効果は認められなかった.

これらのことから，Ⅳ型魚の晒肉にⅠまたはⅡ型魚の無晒肉を混合すると，Ⅳ型魚の晒肉で発現する戻りが抑制されたことから，Ⅰ，Ⅱ型魚共に水晒しによって除去される画分に40℃での戻りを抑制する効果があるものと推察した．さらに，晒し液に含まれるどのような成分が戻りを抑制しているのかの見当をつけるため，晒し液中の水溶性タンパク質または浮上している脂質を晒肉に再添加して40℃の戻りに対する抑制効果を調べたところ，水溶性タンパク質に戻りとHC分解に対する抑制効果が認められた.

以上のことから，Ⅳ型魚の水溶性タンパク質画分にはHCの分解を抑制する因子（MDI）が存在し，これが晒肉で発現する40℃付近の戻りを抑制する効果をもつものと推察した.

§3. 戻り抑制因子の精製と性質[12, 13]

水溶性タンパク質画分中に存在するMDIの魚肉からの溶出性を調べたところ，イオン強度0.05，0.1のような希薄な塩水よりも単なる蒸留水で溶出され

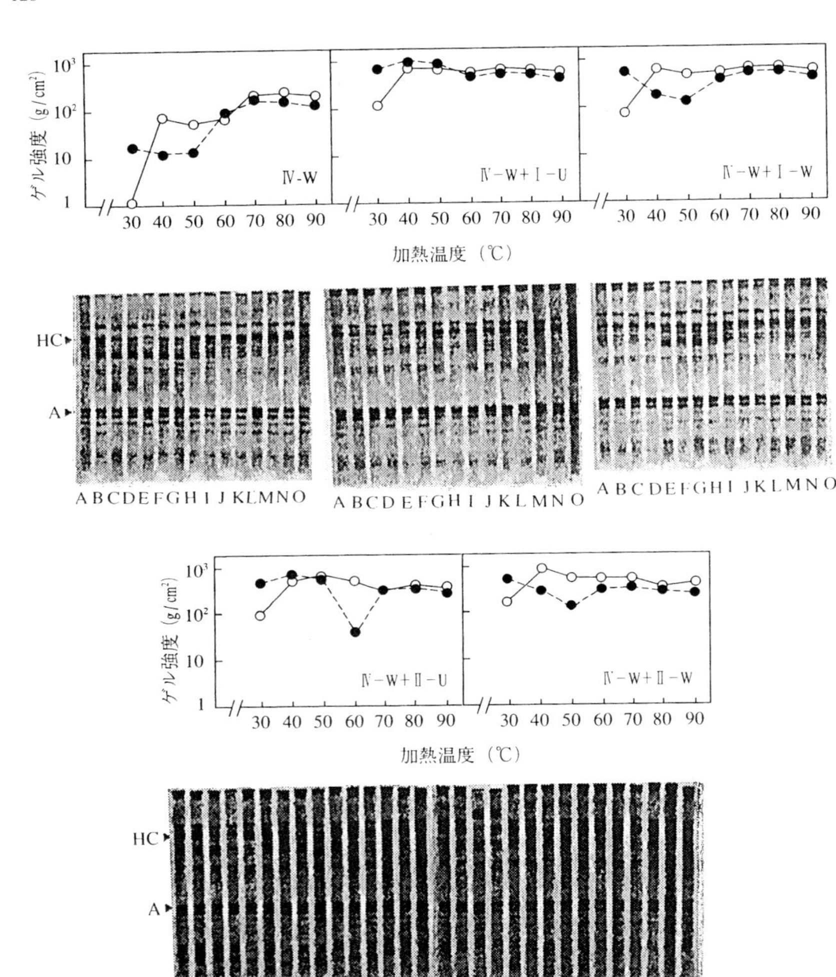

図 10・4　Ⅳ型魚ユメカサゴ晒肉とⅠ型魚ヒメコダイまたはⅡ型魚アカメエソの無晒肉および晒肉を混合した場合の温度-ゲル化曲線と SDS-PAGE 像.

○，20 分加熱；●，2 時間加熱

Ⅳ-W，Ⅳ型魚晒肉；Ⅰ-U，Ⅰ型魚無晒肉；Ⅰ-W，Ⅰ型魚晒肉；Ⅱ-U，Ⅱ型魚無晒肉；Ⅱ-W；Ⅱ型魚晒肉

A，未加熱塩ずり身；B，30℃ 20分加熱ゲル；C，30℃ 2時間；D，40℃ 20分；E，40℃ 2時間；F，50℃ 20分；G，50℃ 2時間；H，60℃ 20分；I，60℃ 2時間；J，70℃ 20分；K，70℃ 2時間；L，80℃ 20分；M，80℃ 2時間；N，90℃ 20分；O，90℃ 2時間

やすかった．水溶性タンパク質画分を DEAE イオン交換樹脂で処理した後，種々の NaCl 濃度の液で MDI の溶離を試みたところ，0.1 M NaCl 溶液で溶離された．また，水溶性タンパク質画分を硫安分画したところ，50，60 および 70％飽和の各沈殿に MDI が回収された．これらの方法を組み合わせて MDI の精製を試みた．

先ず，無晒肉挽肉に 10 倍量の冷蒸留水を加えてイオン強度 0 の溶出画分を得，それを DEAE イオン交換樹脂と混合し，未吸着画分を除去した後，0.1 M

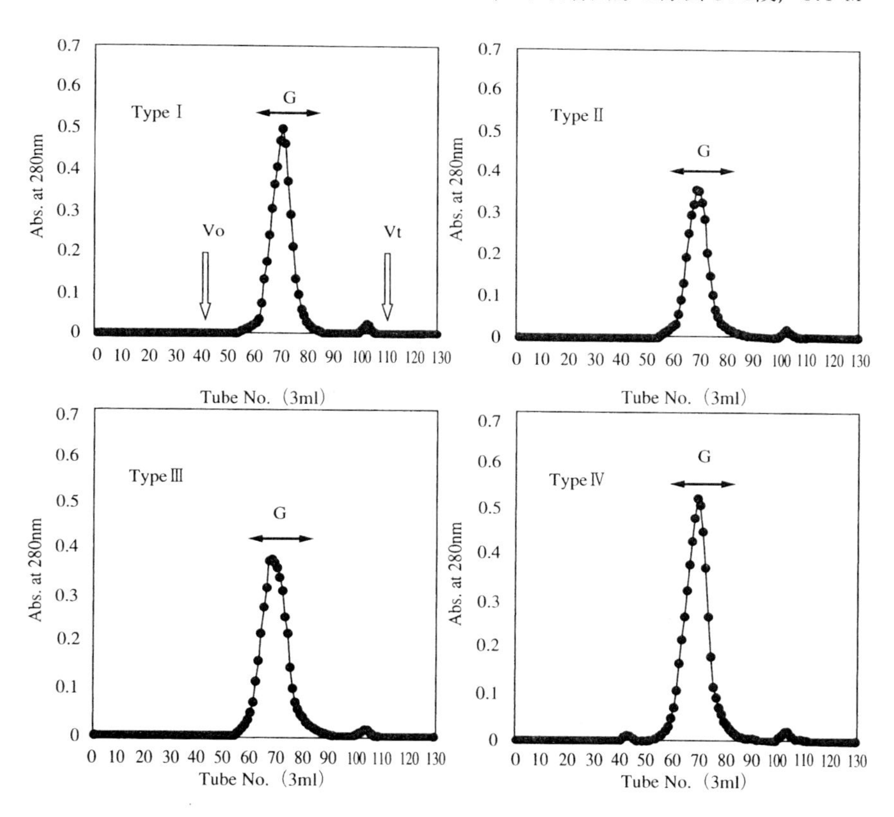

図10･5　I～IV 型魚粗 MDI のゲルろ過パターン．
筋肉の水抽出液を DEAE イオン交換樹脂で分画し，0.1 M NaCl 濃度で溶出したフラクションの 50～70 ％飽和硫安画分を Sephacryl S-300 カラム（ϕ2.6×90 cm）でゲルろ過した溶出パターン．
I 型魚，ヒメコダイ；II 型魚，ワキヤハタ；III 型魚，ヨメゴチ；IV 型魚，カナド

NaCl で溶出される画分を回収した．この溶出液の硫安分画を行い 50％飽和の沈殿を除去した後，70％飽和の沈殿を回収した．得られた沈殿を蒸留水に溶解後，Sephacryl S-300 でゲルろ過したところ，Ⅰ型魚からⅣ型魚，いずれの魚種からもほぼ単一のピークのゲルろ過パターンが得られ，その溶出位置も同一であった（図 10･5）．そこで，この主ピークの画分（G）を Ⅳ 型魚カナドの晒肉に添加して40℃での HC 分解に対する抑制効果を SDS-PAGE で確認した（図10･6）．その結果，いずれの魚種から調製した画分 G も，程度の差はあるものの HC の分解を抑制した．

以上の結果から，水溶性タンパク質画分中に MDI の存在することが確認された．この因子は HC を分解するプロテアーゼに対するインヒビターと考えられるので，この性質を明らかにするために，まず，Ⅳ型魚晒肉の戻りに関与している筋原繊維結合型プロテアーゼのタイプを明らかにし，次いで，プロテアーゼインヒビターとしての性質を調べるために，プロテアーゼ標品に対する阻害効果を調べた．

Ⅳ 型魚晒肉中のプロテアーゼのタイプを明らかにするため，Ⅳ型魚（ユメカサゴ，カナド，アカムツ）の晒肉に大豆トリプシンインヒビター（STI）フェニ

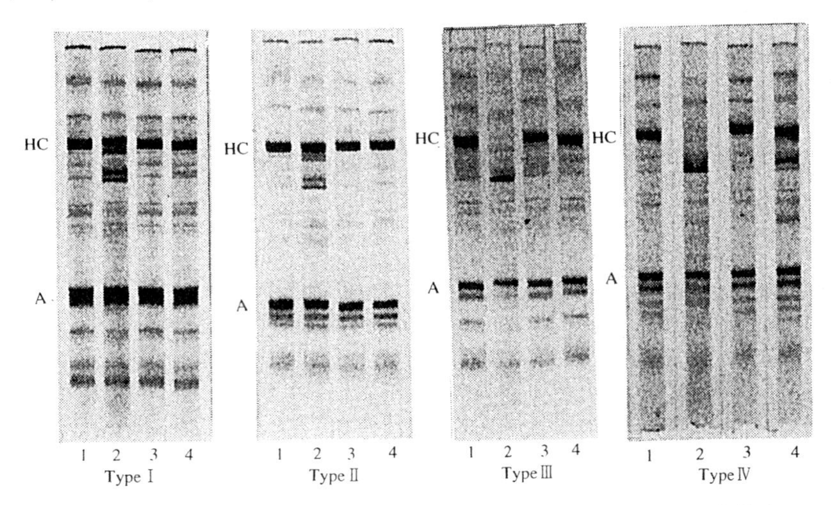

図 10･6　図 10･5 で得られた画分 G を Ⅳ 型魚カナドの晒肉に添加して調製した加熱ゲルの SDS-PAGE 像．
1・2，水を添加；3・4，画分 G を添加；1・3，未加熱すり身；2・4，40℃ 2 時間加熱ゲル

ルメタンスルホニルフルオリド（PMSF），アンチパイン（AP），ロイペプチン（LP），*L-trans*-エポキシスクシニルロイシルアミド-4-グアジニドブタン（E-64），*N*-エチルマレイミド（NEM）並びにエチレンジアミン四酢酸（EDTA）をそれぞれ添加後，40℃で2時間加熱したゲルのSDS-PAGE像を調べた（図10･7）．その結果，セリン型プロテアーゼインヒビター（STIおよびPMSF）を添加するとHC量の減少およびHCとアクチンとの間の成分の生成が抑制された．システイン型プロテアーゼインヒビター（E-64およびNEM）並びに金属依存型プロテアーゼインヒビター（EDTA）では全く抑制効果は認められなかった．このことからⅣ型魚晒肉で認められる40℃でのHCの分解にはセリン型プロテアーゼが関与しているものと判断した．

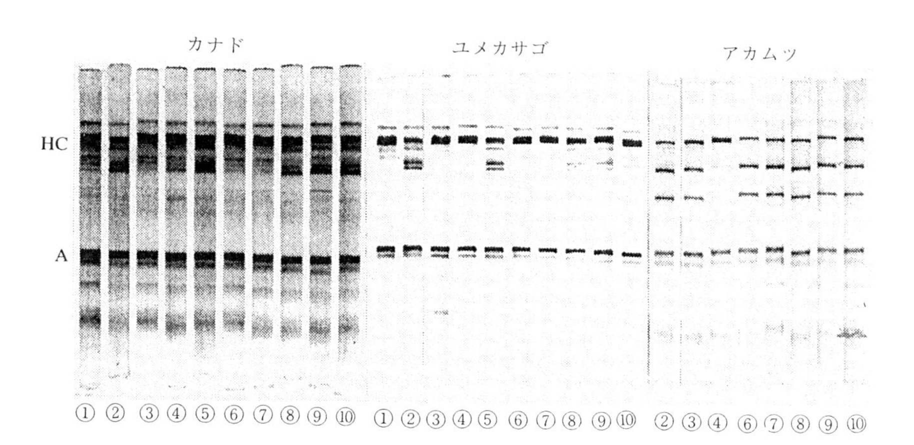

図10･7　種々のタイプのプロテアーゼインヒビターを添加して調製したⅣ型魚晒肉40℃，2時間加熱ゲルのSDS-PAGE像．
①，塩ずり身；②，水を添加；③，STI；④，PMSF；⑤，エタノール；⑥，AP；⑦，LP；⑧，E-64；⑨，NEM；⑩，EDTA

以上のようにⅣ型魚晒肉のHCの分解にセリン型プロテアーゼが関与していることが示唆されたので，水溶性タンパク質画分中のMDIはセリンプロテアーゼに対するインヒビターではないかと考え，市販プロテアーゼ（トリプシン，キモトリプシン）に対するMDIの阻害作用について検討した．その結果，程度の差はあるものの供試したいずれの魚種のMDIも阻害活性が認められた

(表 10・1). 一方, システイン型プロテアーゼ (パパイン) に対する阻害は認められなかった. 以上のことから, MDI はセリン型プロテアーゼインヒビターであることが確認された.

表 10・1 セリンおよびシステインプロテアーゼに対するMDIの阻害活性
(units/mgタンパク質)

魚 種	セリンプロテアーゼ		システインプロテアーゼ
	トリプシン	キモトリプシン	パパイン
ヒメコダイ	2.19	4.41	0
カナド	3.23	3.97	0
ユメカサゴ	2.19	0.69	0
アカムツ	6.64	4.21	0

これまで MDI はゲルろ過では単一のピークまで分離できたが SDS-PAGE 像で確認すると, まだ数成分のバンドが認められたので, MDI の単離精製を行った. 前述の方法で調製した粗 MDI を, 20mM *Tris*-HCl-1mM EDTA (pH 7.0) で平衡化した DEAE トヨパール 650S によるイオン交換クロマトグラフィーにかけ, 0.1～0.15 M NaCl 濃度で溶出された画分を濃縮して Sephacryl S-300でゲルろ過したところ, 4 つのピークに分かれた. 阻害活性のある第二ピークを回収して SDS-PAGE を行ったところ, 単一のバンドとして認められ, SDS-PAGE による Rf 値並びにゲルろ過による Kav 値より, 分子量 80,000 の単量体であることが明らかになった. この分子量がトランスグルタミナーゼの分子量 (93,000) (トランスグルタミナーゼの項参照) に近いのでその活性を調べたが, 認められなかった. また, MDI は精製に伴い最終的にトリプシンに対する比活性で 30 倍にまで精製された (表 10・2).

以上の結果から, MDI は 40℃付近で活性を示す筋原繊維結合型セリンプロ

表 10・2 アカムツ筋肉からの MDI の精製

精製段階	タンパク質量 (mg)	全活性 (units)	回収率 (%)	比活性 (units)	精製割合 (倍)
水抽出液	2832	3738	100	1.32	1
$(NH_4)_2SO_4$ (50～70% 飽和)*	98.1	340	9.1	3.47	2.6
DEAE-イオン交換	4.77	80.6	2.2	16.9	12.8
ゲルろ過	—	—	—	39.8	30.2

テアーゼに対するインヒビターであり，水晒しによって戻りが誘発されるのはこの MDI が除去され，筋原繊維結合型セリンプロテアーゼが活性化されるためであると結論した.

§4. その他のプロテアーゼインヒビター

魚類筋形質画分中のプロテアーゼインヒビターに関する研究を表 10·3 に列記した. ウマヅラハギ筋原繊維タンパク質に筋形質を添加して50℃で加熱したゲルは対照として水を添加したものに比べ，ゲル強度が大きくなり，加熱ゲル中の可溶性ペプチドの生成量も減少することから筋肉内在性のインヒビターが存在することを Toyohara らが報告している[14]. また，コイ筋肉からのトリプシンインヒビターの精製についての報告もあり,SDS-PAGE から分子量 58,000, ゲルろ過から 50,000 とされ，糖タンパク質の性質，分子量などのデータに基づいて血清 α 1-プロティナーゼインヒビターと同定している[15].

表 10·3 筋形質画分中のプロテアーゼインヒビターに関する研究

魚 種	分子量	特 徴	研究者
ウマズラハギ		ゲル強度の増強 TCA 可溶性ペプチド量の減少 HC 分解抑制	豊原ら[13]
コイ	58,000 (SDS-PAGE) 50,000 (ゲルろ過)	Trypsin 阻害	豊原ら[14]
シログチ	55,000	エソ MBSP 阻害	原，石原ら[15]
エソ	50,000	エソ MBSP 阻害 HG 分解抑制	原，石原ら[16]
アカムツ (土佐湾沿岸雑魚)	80,000	ゲル強度の増強 Trypsin, Chymotrypsin 阻害 HC 分解抑制	野村，伊藤ら[12]

Cao らは，最近シログチ骨格筋よりエソ筋原繊維結合型プロティナーゼを特異的に阻害するインヒビターを精製し，分子量 55,000，そのアミノ酸配列から phosphoglucose isomerase と非常に高い相同性があることを認めている[16]. さらに，エソ骨格筋より筋原繊維結合型プロティナーゼを特異的に阻害するインヒビターを単離精製し，50,000 と報告している[17].

土佐湾産魚類から見いだした MDI は分子量の分かっている上記のいずれの

プロテアーゼインヒビターとも異っていた．

今後，様々な魚種をねり製品原料として有効に利用するためには，更に多くの魚種について筋原繊維結合型のプロテアーゼとそのインヒビターの研究の進展が必要であろう．

文　献

1）志水　寛：水産ねり製品技術研究会誌，2，1-5（1977）．

2）志水　寛：水産食品学（鴻巣章二，須山三千三編），恒星社厚生閣，1991，pp.254-281．

3）岡田　稔：魚肉ねり製品（岡田　稔，衣巻豊輔，横関源延編），恒星社厚生閣，1981，pp.189-224．

4）岡田　稔：日水誌，30，255-261（1964）．

5）野村　明・伊藤慶明・宗圓貴仁・小畠　渥：日水誌，59，857-864（1993）．

6）志水　寛・町田　律・竹並誠一：日水誌，47，95-104（1981）．

7）野村　明・伊藤慶明・山本友紀・小畠　渥：日水誌，63，103-104（1997）．

8）岡田　稔：東海水研報，101，67-72（1959）．

9）清水　亘：水産ねり製品．光琳書院，1966，pp.193-195．

10）野村　明・伊藤慶明・西川　智・小畠　渥：日水誌，60，667-673（1994）．

11）野村　明・伊藤慶明・豊田寛国・小畠　渥：日水誌，61，744-749（1994）．

12）野村　明・伊藤慶明・逢坂良昭・北村有里・宮崎裕規・小畠　渥：日水誌，64，878-884（1995）．

13）野村　明・伊藤慶明・八幡光一・谷脇成幸・小畠　渥：日水誌，66，731-736（2000）．

14）H. Toyohara, T. Sakata, K. Yamashita, M. Kinoshita, and Y. Shimizu: *J. Food Sci.* 55, 364-368（1990）．

15）H. Toyohara, Y. Makinodan, and S. Ikeda: *Comp. Biochem. Physiol.*, 80B, 949-954（1985）．

16）M. Cao, K. Osatomi, R. Matsuda, M. Ohkubo, K. Hara, and T. Ishihara: *Biochim. Biophys. Res. Com.*, 272, 485-489（2000）．

17）M. Cao, K. Osatomi, K. Hara, and T. Ishihara: *Comp. Biochem. Phsiol.* in press（2000）．

水産学シリーズ〔130〕　定価はカバーに表示

かまぼこの足形成（あしけいせい）－魚介肉構成タンパク質と酵素の役割

Ashi Formation of Kamaboko

－Contribution of myosin, other muscle proteins and enzymes－

平成13年10月10日発行

編　者　関（せき）　伸夫（のぶお）
伊藤慶明（いとうよしあき）

監　修　社団法人 日本水産学会
〒108-8477　東京都港区港南　4-5-7
東京水産大学内

発行所　〒160-0008
東京都新宿区三栄町8
Tel 03（3359）7371
Fax 03（3359）7375
株式会社 **恒星社厚生閣**

水産学シリーズ〔130〕
かまぼこの足形成
—魚介肉構成タンパク質と酵素の役割
(オンデマンド版)

2016年10月20日発行

編　者　　関 伸夫・伊藤慶明
監　修　　公益社団法人日本水産学会
〒108-8477　東京都港区港南4-5-7
東京海洋大学内

発行所　　株式会社 恒星社厚生閣
〒160-0008　東京都新宿区三栄町8
TEL　03(3359)7371(代)　FAX　03(3359)7375

印刷・製本　　株式会社 デジタルパブリッシングサービス
URL　http://www.d-pub.co.jp/

AJ595

ISBN978-4-7699-1524-9　Printed in Japan